彩图 1　小龙虾的
暗褐色卵

彩图 2　小龙虾的
浅黄色卵

彩图 3　刚产卵的
抱卵虾

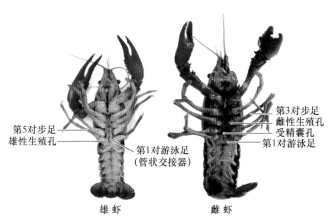

第5对步足
雄性生殖孔

第1对游泳足
（管状交接器）

第3对步足
雌性生殖孔
受精囊孔

第1对游泳足

雄 虾　　　　　雌 虾

彩图 4　雌、雄虾的外形特征

彩图 5　人工繁殖小龙虾的土池

彩图 6　孵化小龙虾的土池温棚

彩图 7　水草移植

水花生　轮叶黑藻芽孢种子　伊乐藻

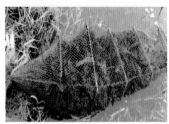

彩图 8　地笼捕捞小龙虾

老水　　　　　嫩水

彩图 9　老水和嫩水

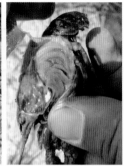

彩图 10　黑鳃病

彩图11 烂尾病

彩图12 烂壳病

彩图13 虾瘟病

彩图14 软壳病

正常肠道　肠炎病肠道　　病虾

彩图15　小龙虾正常肠道、
肠炎病肠道和病虾

彩图16　蜕壳不遂病

彩图 17　水肿病

彩图 18　细菌性白斑病

彩图 19　纤毛虫病

经典实用技术丛书

小龙虾养殖与疾病防治一本通

邹叶茂　张崇秀　编著

机械工业出版社
CHINA MACHINE PRESS

本书通过对小龙虾各种养殖模式的介绍及成功经验的分享，全面展示了小龙虾人工养殖技术的创新特色和广阔前景，内容涵盖小龙虾的生物学特性，小龙虾的繁殖，小龙虾苗种培育，虾稻连作，虾稻共作，虾鳖稻综合种养，虾蟹稻综合种养，池塘养殖、莲藕池养殖及其他养殖方式，小龙虾饲料与营养，小龙虾的捕捞、运输与品质改良，小龙虾病害防治，小龙虾养殖典型案例。

本书构思新颖、图文并茂、文字简练，内容通俗易懂、可操作性强，全面反映了当今我国小龙虾养殖的最新成果，可谓集科学性、实用性、先进性和趣味性于一体，是一本不可多得的农业大众科技读物，可供广大小龙虾养殖户学习借鉴，可作为新型农民创业和技能培训教材，还可供基层水产技术人员、水产专业师生及水产动物爱好者阅读参考。

图书在版编目（CIP）数据

小龙虾养殖与疾病防治一本通/邹叶茂，张崇秀编著. —北京：机械工业出版社，2020.2
（经典实用技术丛书）
ISBN 978-7-111-64520-7

Ⅰ.①小… Ⅱ.①邹…②张… Ⅲ.①龙虾科-淡水养殖②龙虾科-虾病-防治 Ⅳ.①S966.12②S945.4

中国版本图书馆 CIP 数据核字（2020）第 008812 号

机械工业出版社（北京市百万庄大街 22 号 邮政编码 100037）
策划编辑：周晓伟 高 伟 责任编辑：周晓伟 高 伟 陈 洁
责任校对：聂美琴 责任印制：孙 炜
保定市中画美凯印刷有限公司印刷
2020 年 3 月第 1 版第 1 次印刷
145mm×210mm · 6 印张 · 2 插页 · 198 千字
0001—4000 册
标准书号：ISBN 978-7-111-64520-7
定价：29.80 元

电话服务　　　　　　　网络服务
客服电话：010-88361066 机 工 官 网：www.cmpbook.com
　　　　　010-88379833 机 工 官 博：weibo.com/cmp1952
　　　　　010-68326294 金 书 网：www.golden-book.com
封底无防伪标均为盗版 机工教育服务网：www.cmpedu.com

Preface 前言

　　小龙虾以其独特的风味和丰富的营养征服了广大消费者，成为众所周知的佳肴美馔。我国小龙虾产业呈井喷式发展，势不可挡，楚江红、宜城大虾、盱眙小龙虾、巴厘龙虾等著名品牌享誉海内外。小龙虾不仅在国内市场供不应求，也是我国渔业出口的重要水产品。

　　我国小龙虾烹调技术的创新和水产品加工出口量的增加，导致国际与国内市场对小龙虾产品的需求量急剧攀升，激起了人们的养殖欲望。在小龙虾人工养殖初期，很多人试图探索出小龙虾的养殖模式，但是在较长时间内都没有取得大的突破。直到2001年，湖北省潜江市积玉口镇农民利用低湖冷浸田开展稻田养虾并取得了较好效益，人们才茅塞顿开。而真正意义上的小龙虾养殖技术的全面成熟与进步，得益于2016年之后的虾稻共作和池塘养殖小龙虾所获得的巨大成功。

　　本书所介绍的各种养殖模式、关键技术是巧妙地利用了小龙虾及蟹、鳖等养殖对象生活水层和饵料差异。虾稻共作使稻田既养虾又种稻，实现一水两用、一田双收，水稻秸秆变成了肥料和饲料，稻田资源得到循环利用，是传统稻田养鱼、鱼稻共生理论的传承与创新，堪称生态优先绿色发展的典范。稻田和池塘协同养虾，创下亩产收益过万元的佳绩。稻田综合种养使众多农民朋友实现了"一亩田、千斤粮、万元钱"的梦想。而且，虾稻共作乡村游已成为农村文化旅游的新兴产业，很好地促进了乡村振兴。

　　本书由湖北生物科技职业学院水产专家精心编写而成，内容主要来自作者生产实践的第一手资料，力求使读者一看就懂，一学就会，真正发挥技术技能对产业的支撑和引领作用。

　　在本书编写过程中，得到了许多专家和企业一线技术人员的支持和鼓励，同时还参考了许多同仁的研究成果，采用了相关企业的文献资料，在此一并致谢。

　　需要特别说明的是，本书所用药物及其使用剂量仅供读者参考，不可照搬。在实际生产中，所用药物学名、常用名与实际商品名称有差异，药物浓度也有所不同，建议读者在使用每一种药物之前，参阅厂家提供的产品说明以确认药物用量、用药方法、用药时间及禁忌等。购买兽药时，执业兽医师有责任根据经验和对患病水生动物的了解决定用药量及选择最佳治疗方案。

由于时间仓促和编写水平所限，书中疏漏之处在所难免，恳请各位读者批评指正。

编著者

 Contents

前言

 **小龙虾概述**

第一节　小龙虾的来源

小龙虾（图 1-1），学名克氏原螯虾，在动物分类学上隶属节肢动物门甲壳纲十足目美螯虾科原螯虾属。它在淡水螯虾类中属于中小型个体，原产地为墨西哥北部和美国南部，现广泛分布于 40 多个国家和地区，属于世界性常见物种。小龙虾由于与海洋中的大龙虾体形极其相近，所以得此俗称。

图 1-1　小龙虾

据记载，小龙虾原产于美国南部的路易斯安那州，1918 年第一次世界大战期间，日本从美国引进小龙虾作为宠物和牛蛙的饵料来饲养。第二次世界大战期间，小龙虾由日本人于 20 世纪 30 年代末

带入我国，最初在江苏的北部，20世纪50年代初在南京发现。引入的原因说法不一，更倾向的说法是，当时的日本商人把小龙虾作为宠物随身带入我国。

随着小龙虾繁衍生息，其自然种群数量不断增长，再加上各种水域中生物的交换和人类频繁的经济活动，其种群迅速扩散到全国各地，尤其长江中下游地区的种群数量最大，广泛分布于江河、湖泊、沟渠、池塘和稻田中，小龙虾成为一种重要的水产资源。

小龙虾属于外来物种，过去被当作农作物的敌害加以消灭。近十年来，小龙虾巨大的经济价值不断凸显出来，2018年小龙虾养殖面积超过2000万亩（1亩≈667米^2），总产值达到3000亿元。稻田养虾使水稻提质增产，小龙虾每亩增收3000元以上。

第二节　小龙虾的价值

一、食用价值

小龙虾肉味鲜美，风味独特，蛋白质含量高，脂肪含量低，虾黄具有蟹黄味，尤其钙、磷、铁等含量丰富，是营养价值较高的动物性食品，已成为我国城乡居民餐桌上的美味佳肴。小龙虾还具有一定的食疗价值，在国内外市场上的消费量与贸易量与日俱增。

小龙虾可食比率为20%~30%，虾肉占体重的15%~18%。从蛋白质成分来看，小龙虾的蛋白质含量高于大多数的淡水和海水鱼、虾。100克小龙虾肉中，水分含量为8.2%，蛋白质含量为58.5%，脂肪含量为6.0%，甲壳素（几丁质）含量为2.1%，灰分含量为16.8%，矿物质含量为6.6%，还有少量的微量元素。其氨基酸组成优于肉类，含有人体所必需的而体内又不能合成或合成量不足的8种氨基酸，不仅包括异亮氨酸、色氨酸、赖氨酸、苯丙氨酸、缬氨酸和苏氨酸，而且还含有脊椎动物体内含量很少的精氨酸。此外，小龙虾还含有幼儿必需的组氨酸。特别是占其体重5%左右的肝脏（俗称虾黄），味道鲜美，营养丰富，其中含有丰富的不饱和脂肪酸、蛋白质和游离氨基酸。

二、药用价值

小龙虾具有药食同源的功效。肉质中蛋白质的分子量小，含有较多的原肌球蛋白和副肌球蛋白。食用小龙虾具有健胃补肾、壮阳滋阴的功效，对提高运动耐力也有很大的帮助。小龙虾的甲壳比其他虾壳更红，这是由于小龙虾比其他虾类含有更多的铁、钙和胡萝卜素。小龙虾的壳和肉一样对人体健康很有利，可以治疗和预防多种疾病。将虾壳和栀子焙成粉末，可治疗神经痛、风湿、小儿麻痹、癫痫、胃病及一些常见妇科病。用小龙虾壳作为原料还可以制造止血药。从小龙虾的甲壳里提取的甲壳素可以进一步分解成壳聚糖。壳聚糖被誉为继蛋白质、脂肪、糖类、维生素、矿物质五大生命要素之后的第六大生命要素，可作为治疗糖尿病、高血脂的良方，是21世纪医疗保健品的发展方向之一。另外，小龙虾能化痰止咳，促进手术后的伤口愈合。

三、工业价值

小龙虾的虾头和虾壳含有20%的甲壳素，经过加工处理能制成可溶性的壳聚糖，其广泛应用于农业、食品加工、医药、饲料、日用化工、烟草、造纸、印染等行业。

甲壳素是自然界中含量仅次于纤维素的有机高分子化合物，也是迄今发现的唯一的天然碱性多糖，大量存在于甲壳类动物体内。甲壳素的化学性质不活泼，溶解性差。脱去乙酰基后，可转变为壳聚糖。壳聚糖被广泛应用于农业、医药、日用化工、食品加工等诸多领域。在农业上可以促进种子发育，提高植物抗菌力，做地膜材料；在医药方面可用于制造降解缝合材料、人造皮肤、止血剂、抗凝血剂、伤口愈合促进剂；在日用化工上可用于制造洗发水、头发调理剂、固发剂、牙膏添加剂等，具有广阔的发展前景。在小龙虾加工过程中，废弃的虾头和虾壳也是调味品开发的优质资源。虾头内残留的虾黄风味独特，可以加工成虾黄风味料。此外还可以制作仿虾工艺品。据不完全统计，2017年仅湖北和江苏两省，甲壳素及其衍生产品的年产值就超过25亿元。

第一章

第三节 产业现状与发展前景

一、产业规模

我国小龙虾养殖面积和产量持续快速增长。2007~2018年，全国小龙虾养殖产量由26.55万吨增加到150万吨以上，增长了465%；全国养殖面积达到2000万亩，较2017年增加800万亩。我国是世界上最大的小龙虾生产国。

小龙虾产业从最初的"捕捞+餐饮"起步，逐步形成了集苗种繁育、健康养殖、加工出口、精深加工、物流餐饮、文化节庆于一体的完整产业链。2018年全国小龙虾综合产值约3690亿元，同比增长37.5%。

据不完全统计，2018年小龙虾全产业链从业人员有600万人以上，其中，从事第一产业人员有近200万人，从事小龙虾加工等第二产业人员有近350万人，小龙虾流通经纪人约有50万人。

二、消费走向

我国小龙虾消费主要有3种走向：一是传统的夜宵大排档；二是品牌餐饮企业的主打菜品；三是互联网餐饮，即线上与线下相结合的小龙虾外卖。由于小龙虾生产季节性强，其消费也具有明显的季节性特征。2018年，小龙虾消费旺季始于4月，5~9月最盛，10月开始淡出。

近年来，各地积极加大小龙虾菜肴的开发，形成了一大批小龙虾知名菜肴和餐饮品牌，如江苏盱眙的"十三香龙虾"、南京的"金陵鲜韵"系列、湖南南县的"冰镇汤料虾"、湖北潜江的"油焖大虾"等，有效推动了小龙虾餐饮消费向深度发展。据业内人士不完全统计，2018年7月，北京、上海、广州、深圳、武汉等城市小龙虾餐饮门店的数量都呈现出快速增长趋势，大量商家涌入小龙虾餐饮市场，除从事小龙虾专营外，还纷纷做起小龙虾兼营生意，如必胜客、肯德基分别推出了小龙虾比萨、小龙虾帕尼尼等产品。

从消费者年龄结构看，小龙虾的消费受众以18~39岁的年轻群体为主，50岁以上消费群体和18岁以下的消费群体占比相对要低。其中，外卖小龙虾则以80后、90后为主流消费群。从消费渠道来看，80%的小龙虾通过门店渠道包括夜宵摊点售卖，20%的小龙虾通过互联网渠道售出。

从国内市场看，小龙虾的消费主要集中在华北、华东和华中地区的大中城市，北京、武汉、上海、南京、长沙、杭州、苏州等城市的年消费量均在万吨以上。近年来，消费区域还在不断扩展，西南、西北、华南、东北等地区的消费量也在逐年上升。

三、品牌与文化价值

湖北省潜江市是在全国率先主办龙虾节的城市，已经形成一、二、三产业融合发展，并以第三产业为主导的完整产业链。2019年6月15日，在第十届湖北潜江国际龙虾节暨第三届虾稻产业博览会上公布的潜江小龙虾区域公用品牌价值是203.7亿元。近年来，潜江小龙虾经历了从美味到美誉，从口感到口碑的嬗变。潜江这座小城也一跃成为"中国小龙虾之乡""中国虾稻之乡""中国小龙虾加工出口第一市"。

2018年，全球首个虾稻大数据中心正式上线。该中心将虾稻产业与互联网、大数据有机结合，通过数据采集、数据汇总、价格监控等手段，快速掌握市场趋势，进而培育新业态、新动能、新模式。

品牌创建成为打开市场的敲门砖。2018年，潜江虾稻共作面积达75万亩，带动湖北省700万亩、全国1500万亩，全市虾稻产业综合产值达到320亿元，同比增长39%，加工出口连续14年位居全国第一，带动15万人就业致富、2万人成功脱贫。这是一组令人振奋的数据。每年龙虾节上，潜江人都自豪地向世界介绍小龙虾产业发展带来的巨大效益，分享这份收获的喜悦。

2019年，全国各地踊跃举办各类龙虾节、虾王争霸赛、口碑小龙虾美食评鉴会等节庆活动，组织开展以小龙虾文化为主题的旅游休闲活动。例如，安徽合肥龙虾节、盱眙国际龙虾节等节庆活动，其影响越加深远和广泛。据不完全统计，2019年超过9000万人次参与小龙虾节庆活动，起到了拉动消费、整合产业、促进增收的重要作用。

四、产业前景

据预测，目前，我国小龙虾每年的需求总量在200万吨以上，其中餐饮需求150万吨以上、加工需求50万吨以上。此外，国际市场需求缺口约为30万吨。小龙虾总需求缺口近80万吨。

1. 养殖生产空前发力

我国稻田和水资源丰富，适宜养虾的低湖田、冷浸田和冬闲田及适宜开展"小龙虾＋"混养模式的池塘尚存巨大发展空间，随着国家产业技术体系和地方产业技术创新团队的建立，小龙虾育种、饲料、病防等方面的研究将会持续推进，小龙虾的养殖技术也将会得到全面提升。旺盛的市场需求、利好的政策环境、坚实的产业基础、较大的发展空间为我国小龙虾产业持续健康发展提供了良好的机遇。近几年，小龙虾的养殖面积和产业还将保持前所未有的增长势头。

2. 消费市场持续火爆

由于居民消费热情持续高涨，从路边摊位到高档酒店，从网上外卖到家庭厨房，小龙虾将继续在消费市场"攻城拔寨"。由于小龙虾自带的社交属性，以及集中供应季与夜市旺盛期重合的特点，以小龙虾为主题的品牌餐饮店和夜宵大排档等将持续火爆。随着消费习惯的蔓延和市场影响的不断扩大，西南、西北、东北等地区小龙虾的消费热度也将不断提升。

3. 价格稳居高位

小龙虾精深加工产品甲壳素及其衍生物的应用价值正在逐渐显现，经济开发价值空间巨大，小龙虾的需求量将不断增加。但受小龙虾苗种供应限制，苗种供给量少，价格高，此外养殖投入品成本、土地成本和人工成本增加。成本的高抬、市场的扩容、消费的拉动将倒逼小龙虾价格持续在高位运行。

4. 产业融合不断增强

随着生产的不断扩大，消费热情的持续升温，各主产地政府对小龙虾产业将更加重视，将其作为产业扶贫、乡村振兴的一个重要抓手。以小龙虾为主题，包含生态旅游、争霸比赛、美食评鉴、生产体验等各种活动的文化节庆，将在越来越多的地方举办，并成为当地的一项民俗节庆和地方特色品牌。作为带动多产融合发展的明星产业，小龙虾产业的"星味"将越来越成气候。据报道，2018年潜江小龙虾全产业链综合产值达320亿元。该市以小龙虾作为城市标记，建造的小龙虾雕塑高15米、长18米、重100吨，获吉尼斯世界纪录，如图1-2所示。

图1-2　潜江小龙虾雕塑成为标志性建筑

第二章 小龙虾的生物学特性

第一节 小龙虾的形态特征

一、外部形态

小龙虾体长是指从小龙虾眼柄基部到尾节末端的伸直长度（厘米），全长是指从额角顶端到尾肢末端的伸直长度（厘米）。人们习惯认为，小龙虾苗种规格一般指的是全长，而商品虾规格指的是体长。

小龙虾由头胸部13节和腹部7节共20节体节组成，共有19对附肢，体表具有坚硬的甲壳，如图2-1所示。其头部有5节，胸部有8节，头部和胸部愈合成一个整体，称为头胸部。头胸部呈圆筒形，前端有一个额剑，呈三角形。额剑表面光滑、扁平，中部凹陷呈槽状，前端尖锐具有攻击性。额剑两侧是眼柄，眼柄端着生黑色透明的眼球。小龙虾为全视角眼，视线范围广。头胸甲中部有一条弧形颈沟，两侧具粗糙颗粒。腹部共有7节，其后端有一个扁平的尾节，与第六腹节的附肢共同组成尾扇。头部有附肢5对，其中2对触角、1对大颚和2对小颚。胸部有附肢8对，其中前3对为颚足，后

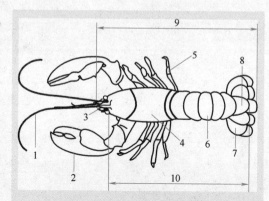

图 2-1　小龙虾的外部形态

1—大触角　2—大螯　3—额剑　4—头胸甲
5—胸足　6—腹部　7—尾肢　8—尾节
9—全长　10—体长

5对为步足（胸足）。第一对呈螯状，并且粗大，是进攻和防御的武器；第二、三对呈钳状，用来觅食；后两对呈爪状，起辅助作用。腹部有附肢（腹足）6对，雌性第一对腹足退化，雄性前两对腹足演变成钙质交接器。小龙虾性成熟个体呈暗红色或深红色，未成熟个体为浅褐色、黄褐色或红褐色，有时还见蓝色。常见个体的全长为4～12厘米。据资料显示，目前我国采集到的最大雄性个体全长15.2厘米，重115.3克；雌性个体全长16.1厘米，重133克。2017年人们又在湖北省潜江市采集到了重178克的小龙虾个体，刷新了相关纪录。

二、内部结构

小龙虾属节肢动物门，体内无脊椎，整个体内分为消化系统、呼吸系统、循环系统、排泄系统、神经系统、生殖系统、肌肉运动系统、内分泌系统八大部分，如图2-2所示。

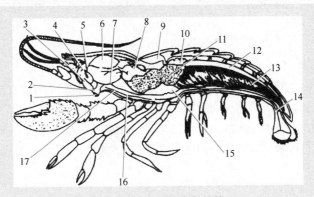

图2-2　小龙虾的内部结构

1—口　2—食道　3—排泄管　4—膀胱　5—绿腺　6—胃　7—神经
8—幽门胃　9—心脏　10—肝胰脏　11—性腺　12—肠　13—肌肉
14—肛门　15—输精管　16—副神经　17—神经节

1. 消化系统

小龙虾的消化系统包括口、食道、胃、肠、肝胰脏、直肠、肛门。口开于两大颚之间，后接食道。食道为一根短管，后接胃。胃分为贲门胃和幽门胃，贲门胃的胃壁上有钙质齿组成的胃磨，幽门胃的内壁上有许多刚毛。胃囊内、胃外两侧各有1个白色或浅黄色、半圆形纽扣状的钙质磨石（图2-3），又叫钙质器，可以为甲壳硬化提供钙源，蜕壳前期

和蜕壳期较大，蜕壳间期较小，起着钙质调节作用。胃后是肠，肠的前段两侧各有1个黄色的分支状的肝胰脏，肝胰脏有肝管与肠相通。肠的后段细长，位于腹部的背面，其末端为球形的直肠，通肛门，肛门开口于尾节的腹面。

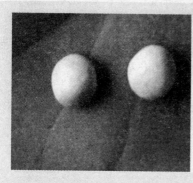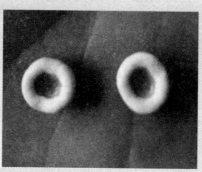

图 2-3　钙质磨石

2. 呼吸系统

小龙虾的呼吸系统包括鳃和颚足。小龙虾共有鳃 17 对，在鳃腔内。其中 7 对鳃较粗大，与后两对颚足和 5 对步足的基部相连。鳃呈三棱形，每棱密布排列许多细小的鳃丝。其他 10 对鳃细小，呈薄片状，与鳃壁相连。小龙虾呼吸时，颚足剧烈摆动水流进入鳃腔，水流经过鳃完成气体交换。

3. 循环系统

小龙虾的循环系统包括心脏、血液和血管，是一种开管式循环。心脏在头胸部背面的围心窦中，为半透明、多角形的肌肉囊，有 3 对心孔，心孔内有防止血液倒流的膜瓣。血管细小、透明。由心脏前行有动脉血管 5 条，由心脏后行有腹上动脉 1 条，由心脏下行有胸动脉 2 条。血液也是体液，为一种透明、非红色的液体。

4. 排泄系统

在小龙虾的头部大触角基部内有 1 对绿色腺体，腺体后有 1 个膀胱，由排泄管通向大触角基部，并开口于体外。

5. 神经系统

小龙虾的神经系统包括神经节、神经和神经索。神经节主要有脑神经节、食道下神经节等，神经则连接神经节通向全身。现代研究证实，小龙虾的脑神经干及神经节能够分泌多种神经激素，这些神经激素起着调控小龙虾的生长、蜕壳及生殖生理过程的作用。

6. 生殖系统

小龙虾雌雄异体，其雄性生殖系统包括3个精巢、1对输精管、1对生殖突位于第五步足基部。精巢（图2-4）呈三叶状排列，输精管分粗细2根，通向位于第五步足基部的1对生殖突。

雌性小龙虾的生殖系统包括3个卵巢（图2-5），也是呈3叶状排列，1对输卵管通向第三

图2-4　小龙虾的精巢

步足基部的生殖孔。雄性小龙虾的交接器及雌性小龙虾的贮精囊虽不属于生殖系统，但在小龙虾的生殖过程中起着非常重要的作用。

图2-5　小龙虾的卵巢

7. 肌肉运动系统

小龙虾的肌肉运动系统由肌肉和甲壳组成。甲壳又被称为外骨骼，起着支撑和保护的作用，在肌肉的牵动下行使运动功能。

8. 内分泌系统

小龙虾有内分泌系统，往往与其他结构组合在一起。例如，与脑神经节结合在一起的细胞能合成和分泌神经激素，小龙虾的眼柄可以分泌抑制小龙虾蜕壳和性腺发育的激素；小龙虾的大颚组织能合成一种化学物质——甲基法尼酯，该物质也起着调控小龙虾精、卵细胞蛋白质的合成和性腺的发育。

第二节 小龙虾的生活习性

小龙虾通常栖息在湖泊、河流、水库、沼泽、池塘、沟渠及稻田中，尤其在食物和水草较为丰富的沟渠、池塘和浅水湖泊分布较多。

一、广栖性

小龙虾生命力强，能耐受恶劣环境，只要有水源和水草，没有严重污染，它就能生存和繁衍，形成自己的种群。小龙虾适应能力强，在 pH 为 5.8~8.2，温度为 0~37℃，溶氧量在 1.5 毫克/升以上的水体中都能生存，在我国大部分地区都能自然越冬。最适宜小龙虾生长的水体 pH 为 7.5~8.2，溶氧量为 3 毫克/升，水温为 20~30℃。所以，小龙虾是最适合养殖的水生动物。

二、穴居性

小龙虾用 2 只螯足掘洞，4 小时左右可挖 40 厘米，如果是在坡地上，所掘出的泥土一定是在洞口的上端，这是为了等降雨来临，雨水冲刷将泥土掩盖洞口，起到防卫的作用。

小龙虾喜温暖、怕炎热、畏寒冷，适宜水温为 18~33℃，最适水温为 22~30℃，当水温上升到 33℃以上时，小龙虾掘洞越夏。当水温下降到 15℃以下时，小龙虾又开始打洞准备越冬。掘洞还是小龙虾的生殖属性，在广东清远、广西贵港等亚热带地区发现多数小龙虾在洞穴中抱卵，出苗时间比长江流域早 1~2 个月。

　　穴居是小龙虾求生的超级本能，夏季洞穴深度一般为 30~50 厘米，冬季洞穴深度达 80~100 厘米，目的是躲避干旱、承接地气和适温（图2-6）。简单的洞穴只有 1 条隧道，较复杂的有 2 条以上的隧道，洞口均位于岸坡边水平线上 20 厘米以内的位置。在秋季繁殖季节，洞穴中的小龙虾一般雌雄成对出现，但在冬季也会发现一个洞穴中有 3~4 尾小龙虾的情况。但在水草和食物都很丰富的水域，或者小龙虾没有遇到合适的掘洞环境，如石头或沙质土壤等，小龙虾可以照样生活。在正常天气时，小龙虾白天入洞潜伏，夜间出洞觅食。

小龙虾掘洞

图 2-6　小龙虾的洞穴

三、迁徙性

　　在夏季阴雨天气，小龙虾喜欢集群到流水处活动或从围栏处群集向外攀爬（图 2-7），并趁雨夜之机上岸寻找食物和迁移到新的栖息地，这就是人们在虾池周围安装围栏的原因。在夏季闷热天气或水质恶化、水中溶氧量低至 1 毫克/升时，小龙虾会爬上岸或侧卧在水面上的草丛中进行特殊呼吸。

图 2-7　小龙虾的迁徙性

四、格斗性

小龙虾在遇到水草匮乏和食物不足时，会以强凌弱，相互格斗。在食物和水草都丰富时，小龙虾也能和谐相处。另外，如果放养密度过大、隐蔽物不足、雄虾超过雌虾数量、饵料营养不全时，也会出现相互撕咬残杀，最终以各自螯足有无决胜负。在稻田环形沟中种植水草，除了为小龙虾提供食物补充外，还可以增加小龙虾的活动空间，减少虾与虾之间的接触机会，促进小龙虾健康生长。

五、避光性

小龙虾喜温怕光，有明显的昼夜垂直移动现象。光线强烈时，沉入水中躲藏到水草或洞穴中，光线微弱或黑暗时开始活动，通常用附肢抱住水体中的水草或悬浮物将身体侧卧于水面。在小龙虾养殖稻田或池塘中，人工设置石棉瓦、砖块、树枝等遮蔽物，就是应对小龙虾的避光性和躲避晴朗干燥的天气。

小龙虾的避光性

第三节 小龙虾的食性

一、杂食性

小龙虾食性很广，只要是它能咬动的有机物，都可以吃。植物类如豆类、谷类、各种瓜类、蔬菜类、各种水生植物、陆生草类、有机碎屑、植物秸秆等都是它的食物；动物类如水生浮游动物、底栖动物、鱼、虾、动物内脏、蚕蛹、蚯蚓、蝇蛆等都是它喜爱的食物。小龙虾也喜爱人工配合饲料。在水温 20~28℃ 时，小龙虾的摄食率会发生较大变化，见表 2-1。

表 2-1 小龙虾对各种食物的摄食率

	名称	摄食率（%）
植物	马来眼子菜	3.2
	竹叶菜	2.6
	水花生	1.1
	苏丹草	0.7
动物	水蚯蚓	14.8
	鱼肉	4.9
饲料	配合饲料	2.8
	豆饼	1.2

研究表明，小龙虾在自然条件下主要摄食马来眼子菜、轮叶黑藻等大型水生植物，其次是有机碎屑，同时还有少量的丝状藻类、浮游藻类、浮游动物、水生寡毛类动物、摇蚊幼虫和其他水生动物的残体等，小龙虾的食物组成、出现频率等见表 2-2。

表 2-2 小龙虾的食物组成、出现频率和重量百分比

食物类群	典型食物	出现个数/个	出现频率（%）	重量百分比（%）
大型水生植物	马来眼子菜、黑藻	180	100	85.6
有机碎屑	植物碎屑、无法鉴别种类	180	100	10.0
藻类	丝状藻类、硅藻、小球藻	100	55.6	
浮游动物	桡足类、枝角类	10	5.5	5.4
轮虫	臂尾轮虫、三肢轮虫	2	1.1	

（续）

食物类群	典型食物	出现个数/个	出现频率（%）	重量百分比（%）
水生昆虫	摇蚊幼虫	18	10	
寡毛类动物	水蚯蚓	5	2.8	5.4
虾类	小龙虾残体	5	4.4	

　　摄入食物的种类随小龙虾体长变化而产生差异，虽然各种体长的小龙虾全年都以大型水生植物为主要食物，但中、小体型的小龙虾摄食浮游动物、昆虫及幼虫的量要高于较大型的小龙虾，这就是要在养殖水体中种植水生植物的一个重要原因。不同体长的小龙虾所摄取的食物种类有较大的区别，通过镜检观察，食物出现的次数是不同的，见表2-3。

表2-3　不同体长组的小龙虾的食物组成及其出现频率

样本数/个	体长组/厘米	出现频率（%）							
		大型水生植物	有机碎屑	藻类	浮游动物	轮虫	水生昆虫	寡毛类动物	虾类
15	>3.0~4.0	100	100	86.7	40	13.3	20.0	0	0
26	>4.0~5.0	100	100	53.8	11.5	0	19.2	3.8	0
30	>5.0~6.0	100	100	66.7	3.3	0	10.0	6.7	0
60	>6.0~7.0	100	100	70.0	0	0	3.3	1.7	3.3
25	>7.0~8.0	100	100	40.0	0	0	0	8.0	8.0
12	>8.0~9.0	100	100	50.0	0	0	0	0	8.3
9	>9.0~10.0	100	100	33.0	0	0	0	0	0
3	>10.0~10.6	100	100	66.7	0	0	0	0	0

二、摄食行为

　　小龙虾的摄食方式是用螯足捕获大型食物，撕碎后再递给第二、三步足抱食，小型食物则直接用第二、三步足抱住啃咬。小龙虾的摄食能力较强，有贪食和争食习性，饵料匮乏或群体过大时，会发生相互撕咬、残杀现象，硬壳虾蚕食蜕壳虾或软壳虾尤为明显。小龙虾一般在傍晚或黎明觅食，经人工驯化，可改在白天觅食。小龙虾的耐饥饿能力也较强，10天不进食仍能正常生活。摄食的最适温度是20~30℃，水温低于15℃或高于33℃，摄食明显减少，甚至停食。

长期以来，养殖者认为小龙虾能捕食鱼苗、鱼种，对水产养殖有很大的危害。试验表明，鲤鱼、草鱼、白鲢和尼罗罗非鱼4种鱼种与小龙虾混养，平均成活率分别为90.0%、77.2%、80.4%、87.2%，而未与小龙虾混养的平均成活率分别为89.2%、76.3%、80.6%、87.9%，没有显著差异。

小龙虾摄食

由此可以推断，在正常情况下，小龙虾没有能力捕食鱼苗、鱼种。虽然该虾不能捕捉游动较快的鱼类，但它既能捕食鱼类的病残及死亡个体，也能捕食活动的浮游动物、藻类及漂浮在水面的植物。在生产实践中，1~5月可养一季小龙虾，待小龙虾养成销售后，6~12月利用养殖池塘培育一季大规格鱼种。

小龙虾还可以与鳜鱼、翘嘴鲌等凶猛性鱼类混养。小龙虾在水中进行间歇性弹跳活动，持续性较差，游泳能力远不及鱼类，进攻能力也很差，在没有发现食物之前，它会静伏于池底，难以被发现，并能鉴别和巧妙地躲避敌害。凶猛性鱼类以捕食运动中的猎物为主，所以，小龙虾被捕食的可能性不大。这样的鱼虾混养在生产中证实是成功的，但小龙虾养殖水体不能饲养猎捕能力强的乌鳢和黄鳝等凶猛性鱼类。

第四节　生长与蜕壳

一、生长周期

经验

人工饲养小龙虾，水温为20~28℃，投喂全价配合饲料，每1~2周补1次钙，如氯化钙、乳酸钙等，4厘米左右的幼虾长成30克以上的成虾只需要28天，养殖周期很短，这就是养殖小龙虾的魅力所在。

小龙虾幼体阶段一般 2~4 天蜕壳 1 次，幼体经 3 次蜕壳后进入幼虾阶段。在幼虾阶段，每 5~8 天蜕壳 1 次；在成虾阶段，一般每 8~15 天蜕壳 1 次。小龙虾从幼体阶段到商品虾养成需要蜕壳 11~12 次，蜕壳是它生长发育、增重和繁殖的重要标志，每蜕 1 次壳，它的身体就长大 1 次，实现其突变性生长，如图 2-8 所示。蜕壳一般在洞内或草丛中进行，每完成 1 个蜕壳过程，其身体柔软无力，这时是小龙虾最易受到攻击的时期，蜕壳后的新体壳于 12~24 小时后硬化。据观察，在长江流域，9 月中旬脱离母体的幼虾全长平均为 1 厘米，体重平均为 0.04 克，年底全长最大可达 7.4 厘米，体重达 12.24 克。在稻田或池塘中养殖到第二年 5 月，全长平均为 10.2 厘米，体重平均为 34.51 克。

小龙虾蜕壳

图 2-8　小龙虾蜕壳前后

二、影响蜕壳的因素

小龙虾的蜕壳与水温、营养及个体发育阶段密切相关。水温高、食物充足、发育阶段早，则蜕壳间隔短。性成熟的雌、雄虾一般一年蜕壳 1~2 次。据测量，全长 8~11 厘米的小龙虾每蜕一次壳，全长可增长 1.3 厘米。蜕壳多发生在夜晚，人工养殖条件下，白天也可见其蜕壳。根据小龙虾的活动及摄食情况，其蜕壳周期可分为蜕壳间期、蜕壳前期、蜕壳期和蜕壳后期 4 个阶段。小龙虾在蜕壳期间摄食旺盛，甲壳逐渐变硬。

从小龙虾停止摄食起至开始蜕壳止为蜕壳前期，这一阶段是小龙虾为蜕壳做准备的时期。小龙虾停止摄食，甲壳里的钙质向体内的钙质磨石（简称钙质器）转移，体内的钙质磨石变大，甲壳变薄、变软，并且与内皮质层分离。蜕壳期是从小龙虾侧卧蜕壳开始至甲壳完全蜕掉为止，这个阶段持续几分钟至十几分钟不等，我们观察到的大多在 3~5 分钟即可完成，时间过长造成体力消耗过大，容易引起小龙虾死亡。蜕壳后期是从小龙虾蜕壳后起至开始摄食止，这个阶段是小龙虾的甲壳的皮质层向甲壳层演变的过程。水分从皮质进入体内，身体增重、增大；体内钙质磨石中的钙向皮质层转移，皮质层变硬、变厚，成为甲壳，体内的钙质磨石最后变得很小。

三、寿命与生命周期

小龙虾雄虾的寿命一般为 20 个月，雌虾的寿命为 24 个月。因此，在开展人工繁殖时，应尽可能选择 1 龄虾作为亲本。

小龙虾的生活史比较简单，雌、雄亲虾交配后，雌虾将精液保存在贮精囊内，待卵细胞发育成熟后，排卵时释放精液，完成受精过程，并产生受精卵。受精卵和蚤状幼体都由雌虾独立保护并完成孵化。待到幼体孵出时，雌虾释放幼虾，幼虾开始自由生活，经过数次蜕壳，生长为成虾，一部分作为食用虾上市，另一部分继续发育为亲虾，即完成一个生命周期，如图 2-9 所示。

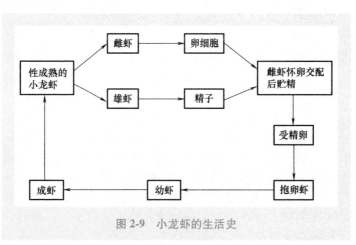

图 2-9　小龙虾的生活史

第五节 繁殖习性

一、自然环境中的性别比例

据自然状态调查结果表明，小龙虾的雌雄比例在不同体长阶段的差异，见表2-4。

表2-4　小龙虾在自然环境中的雌雄比例

规格（体长）/厘米	雌性占比（%）	雄性占比（%）	雌性：雄性
3.0~8.0	51.5	48.5	1.06：1
8.1~13.5	55.9	44.1	1.17：1

由此可见，大体型组雌性明显多于雄性，原因是亲本交配之后雄性体能消耗过大，体质下降，容易引起死亡，雄性个体越大，死亡率越高，说明雄性寿命比雌性要短。这一点，只要我们在6~8月深入到当地水产品集贸市场做一个简单统计，便可一清二楚。我们还可以推测，小龙虾在洞穴中交配产卵，雌虾需要抱卵护幼，而雄虾只是配角，在遇到干旱缺食的恶劣环境，小龙虾都被困在洞穴中，雄虾的死亡能够为幼虾提供暂时的食物，以渡过难关，这是动物的习性所在，是一种牺牲精神。

二、产卵类型与产卵量

小龙虾隔年性成熟，9月离开母体的幼虾到第二年的7~8月即可性成熟产卵。从幼体到性成熟，小龙虾要进行11次以上的蜕壳。其中，幼体阶段蜕壳2次，幼虾阶段蜕壳9次以上。

小龙虾为秋季产卵类型，1年产卵1次，交配季节一般在5~9月。小龙虾雌虾的产卵量随个体长度的增长而增大，见表2-5。全长10.00~11.99厘米的雌虾，平均产卵量为237粒。采集到的最大产卵个体全长14.26厘米，产卵量为397粒；最小产卵个体全长6.4厘米，产卵量为32粒。人工繁殖条件下的雌虾产卵量一般比从天然水域中采集的抱卵雌虾的产卵量要多。在正常情况下，雌虾产卵的数量即为抱卵的数量。

误区

有很多业内人士认为，小龙虾1年繁殖2~3次，可在11月或3月投放亲虾。研究结果表明：小龙虾1年繁殖1次，于秋冬季繁殖。

表2-5 小龙虾全长与产卵量的关系

全长/厘米	7.65~7.99	8.00~9.99	10.00~11.99	12.00~13.99	14.00~14.26
平均产卵量/粒	71	142	237	318	385

受精卵的孵化和幼体发育的各个阶段表现出不同的特征。雌虾刚产出的卵为暗褐色，卵被一团蛋清状胶质包裹，肉眼可辨卵粒，但卵径较小，仅约1.6毫米（彩图1）。随着胚胎的发育，其颜色逐渐变浅，呈浅黄色（彩图2）。

三、交配方式

自然状态下，小龙虾交配的水温为15~30℃，交配高峰时的水温为20~25℃。每尾雄虾可先后与2尾以上的雌虾交配，交配时，雄虾用螯足钳住雌虾的螯足，用步足抱住雌虾，将雌虾翻转，侧卧。雄虾的钙质交接器与雌虾的贮精囊连接，雄虾的精夹顺着交接器进入雌虾的贮精囊内，如图2-10所示。交配后，早则1周，晚则月余，雌虾即可产卵。雌虾从第三对步足基部的生殖孔排卵并随卵排出较多蛋清状胶质（彩图3）将卵包裹，卵经过贮精囊时，胶质状物质促使贮精囊内的精夹释放出精子，使卵受精。最后，胶质状物质包裹着受精卵到达雌虾的腹部，受精卵黏附在雌虾的腹足上，腹足不停地摆动以保证受精卵孵化时所必需的溶氧量。孵化过程多在地下的洞穴中完成。

小龙虾的交配时间较长，一般为1~2小时。雄虾的纳精囊为封闭型，交配后雌虾卵巢才能发育成熟。每尾雄虾可先后与2尾以上的雌虾进行交配，每尾雄虾都有自己的后代，这样就能保证小龙虾的遗传基因不会衰退，种质不会退化。

在自然条件下，5~9月为小龙虾的交配季节，其中以6~8月为高峰期。小龙虾不是交配后就产卵，而是交配后相当长一段时间（7~30天）才产卵。在人工放养的水族箱中，成熟的小龙虾只要是在水温合适的

小龙虾抱对交配

图2-10　小龙虾交配过程

情况下都会交配，但尚未发现在水族箱中产卵。在自然状况下，雌、雄亲虾交配之前，就开始掘洞筑穴，雌虾产卵和受精卵孵化过程多在洞穴中完成。

四、产卵与孵化

小龙虾受精卵的孵化时间与水温相关，见表2-6。

表2-6　小龙虾受精卵的孵化时间与水温的关系

水温/℃	7	15	20~22	24~26	26~28
孵化时间/天	150	46	20~25	14~15	12~15

如果水温太低，受精卵的孵化可能需数月之久。这就是在第二年的3~5月仍可见到抱卵虾的原因。刚孵化出的幼体长5~6毫米，靠卵黄囊提供营养，几天后蜕壳发育成二期幼体。二期幼体长6~7毫米，附肢发育较好，额角弯曲在两眼之间，其形状与成虾相似。二期幼体附着在母体腹部，能摄食母体呼吸时水流带来的微生物和浮游生物，其离开母体

后可以站立，但仅能微弱行走，也仅能短距离地游回母体腹部。如果在一期幼体和二期幼体时期惊扰雌虾，造成雌虾与幼体分离较远，幼体就不能回到雌虾腹部，幼体将会死亡。二期幼体几天后蜕壳发育成仔虾，全长9~10毫米。此时仔虾仍附着在母体腹部，形状几乎与成虾完全一致，仔虾对母体也有很大的依赖性并随母体离开洞穴进入开放水体成为幼虾。在24~28℃的水温条件下，小龙虾幼体发育阶段需12~15天。

第三章 小龙虾的繁殖

第一节 小龙虾的性别鉴别和性腺发育

一、雌、雄鉴别

小龙虾雌雄异体，雌、雄个体外部特征十分明显，容易区别。鉴别方法如图 3-1 和图 3-2 所示。其基本特征见表 3-1 和彩图 4。

图 3-1　雄虾

图 3-2　雌虾

表 3-1　雌、雄虾特征对照表

特征	雌虾	雄虾
体色	颜色为暗红色或深红色，同龄个体小于雄虾	颜色为暗红色或深红色，同龄个体大于雌虾

（续）

特征	雌虾	雄虾
同龄亲虾个体	小，同规格个体螯足小于雄虾	大，同规格个体螯足大于雌虾
腹足	第一对腹足退化，第二对腹足为分节的羽状附肢，无交接器	第一、二对腹足演变成白色、钙质的实心棒状交接器
倒刺	第三、四对步足基部无倒钩	成熟的雄虾背上有倒刺，倒刺随季节而变化，春夏交配季节倒刺长出，而秋冬季节倒刺消失
生殖孔	开口于第三对步足基部，为一对暗色的小圆孔，胸部腹面有贮精囊	开口于第五对（最后一对）步足基部，为一对浅黄色圆锥状小凸起，中心可见生殖孔。目前，对于交配时雄虾生殖孔出来的精夹通过交接器进入雌虾纳精囊的过程尚在研究中

二、性腺发育

　　同规格的小龙虾，雌、雄个体发育基本同步。一般雌虾个体重20克以上、雄虾个体重25克以上时，其性腺可发育成熟。雌虾卵巢颜色呈深褐色或棕色，雄虾精巢呈白色。在小龙虾的性腺发育过程中，成熟度的不同会带来性腺颜色的变化。通常按性成熟度的等级把卵巢发育分为灰白色、黄色、橙色、棕色和深褐色等阶段。其中，灰白色是幼虾的卵巢，卵粒细小不均匀，不能分离，需进一步发育才能成熟。黄色也是未成熟卵巢，但卵粒分明且较饱满，也不可分离。橙色是即将成熟的卵巢，卵粒分明、饱满但不均匀，较难分离，需再发育1~2个月可完全成熟并开始产卵。若遇低水温，产卵时间会推迟。深褐色的卵巢已完全成熟，卵粒饱满、均匀，如果用解剖针挑破卵膜，卵粒分离，清晰可见。若在此时进行雌雄交配，雌虾一周左右即可产卵。常用的比较直观的方法是，从亲虾的头胸甲颜色深浅判断其性腺发育好坏，颜色越深表明成熟度越好。

第三章

1. 性成熟系数的周年变化

小龙虾性成熟系数是用来衡量雌虾性成熟程度的指标，通常用小龙虾的卵巢重与其体重（湿重）的百分比来表示，即性成熟系数＝（卵巢重/体重)×100%。在不同的月份采集多个小龙虾个体，并分别测定其当月的性成熟系数，其平均值就是该月的小龙虾群体性成熟系数。通过大量的数据表明，小龙虾群体的性成熟系数在 7～10 月的繁殖季节逐渐增大，而到 9 月中下旬达到最大值，但产完卵后则又迅速下降，在非繁殖季节性成熟系数则处于低谷。因此，小龙虾的人工繁殖是在非农忙季节进行，是不误农时的生产活动。

2. 卵巢的分期

依据小龙虾卵巢的颜色和大小、饱满程度和滤泡细胞的形状将卵巢分为 7 个时期，见表 3-2。

表 3-2　小龙虾卵巢发育分期

卵巢发育时期	卵巢外观特征
Ⅰ期（未发育期）	卵巢体积较小，呈细线状，白色透明，看不见成形的单个卵粒。卵粒间隔较稀疏，卵巢外层的被膜较厚，肉眼可明显分辨
Ⅱ期（发育早期）	卵巢呈细条状，有白色半透明的细小卵粒。卵粒之间间隔紧密，卵膜薄，肉眼可辨，细胞呈椭圆形，卵黄颗粒很小，规格较一致
Ⅲ期（卵黄发生前期）	卵巢呈细棒状，黄色至深黄色；卵粒之间间隔紧密，卵膜薄，肉眼不容易分辨。卵细胞处于初级卵母细胞大生长期，细胞之间接触较紧密，呈多角圆形。卵黄颗粒较Ⅱ期大
Ⅳ期（卵黄发生期）	卵巢呈棒状，颜色为深黄色至褐色，比较饱满，肉眼不能分辨出卵膜。卵母细胞开始向成熟期过渡，细胞多呈椭圆形。在 10 倍镜下观察卵黄颗粒较明显，在 40 倍镜下可以看到大小明显的两种卵粒，大卵粒相对小卵粒较少
Ⅴ期（成熟期）	卵巢呈棒状，该期卵巢的颜色为深褐色，卵巢很饱满，占据整个胸腔，肉眼不能分辨出卵膜。细胞呈圆形且饱满，卵黄颗粒充满了整个细胞，卵黄颗粒也最大，卵径在 1.5 毫米以上

（续）

卵巢发育时期	卵巢外观特征
Ⅵ期（产卵后期）	此时雌虾刚产完卵，卵巢内或全空，或有少许残留的粉红色至黄褐色卵粒
Ⅶ期（恢复期）	产后不久，卵巢全空，白色半透明，无卵粒。产后30天，有卵巢的轮廓，卵膜较厚、透明，卵膜内有较稀少的小白色卵粒或无卵粒

从卵巢的分期可以看出，小龙虾的卵母细胞在各期的发育状态基本一致，通过对产后虾的解剖观察不难看出，雌虾的卵巢几乎无残留卵粒，这足以说明小龙虾属一次性产卵型动物。

3. 卵巢发育的周年变化

解剖发现，在每年3~5月，雌虾的卵巢发育大多处于Ⅰ期，但也有极少数处于Ⅱ~Ⅲ期。在6月，雌虾的卵巢发育大多处于Ⅱ期，少数属于Ⅰ期和Ⅲ期。7月则是雌虾卵巢发育的一个转折点，大部分雌虾的卵巢发育都在Ⅲ期，仅有少部分属于Ⅳ期和Ⅱ期。到了8月，大部分雌虾的卵巢发育处于Ⅲ~Ⅳ期，少数属于Ⅱ期和Ⅴ期。9月，绝大部分雌虾的卵巢发育处于Ⅴ期。到了10月，卵巢发育变化最大，大部分属于Ⅴ期，部分虾卵已全部产出，还有部分雌虾产完卵后，卵巢Ⅵ期和Ⅶ期就重新还原到Ⅰ期。Ⅱ期是亲虾刚产完卵的短暂时期。Ⅲ期是小龙虾产后恢复期，时间是10~11月，与Ⅱ期比较，特征不十分明显。11月至第二年2月，大部分雌虾的卵巢发育属于Ⅰ期。

卵巢发育处于Ⅰ期的雌虾的体色大多数为青色，这些青色虾为不到1年的虾。在这些青色虾中，体长最长和最短的雌虾的体长分别为6.9厘米和5.0厘米；而卵巢发育较好的雌虾，其体色绝大多数为黑红色，这些雌虾中有1年的虾和2年的虾，这些虾的体长主要集中在8.1~9.0厘米。其中，成熟卵巢的黑红色虾中，体长最长和最短的雌虾体长分别为10.1厘米和6.1厘米；而对于卵巢成熟的红色虾，其最短体长为6.4厘米。

4. 精巢的发育

精巢的大小和颜色与繁殖季节有关。未成熟的精巢呈白色的细条

形，成熟的精巢呈浅黄色的纺锤形，体积也较前者大数倍至数十倍。通常将小龙虾的精巢发育分为5期，见表3-3。

表3-3 小龙虾精巢发育分期

精巢发育时期	精巢外观特征
Ⅰ期（未发育期）	精巢体积小，呈细条形，白色，前端呈小球形，生殖细胞均为精原细胞。在精原细胞外围排列着一圈整齐的介质细胞，其能分泌雄性激素。精原细胞数量较少，不规则地分散在结缔组织中间，有较多的营养细胞，但尚未形成精小管
Ⅱ期（发育早期）	精巢体积逐渐增大，呈白色，外观形状为前粗后细的细棒状。精小管中同时存在不同发育时期的生殖细胞，但精原细胞和初级精母细胞占绝大部分，也还有部分次级精母细胞
Ⅲ期（精子生长期）	精巢体积较大，为浅青色，外观形状为圆棒状。精小管内主要存在次级精母细胞和精细胞，有的还存在精子
Ⅳ期（精子成熟期）	精巢体积最大，颜色由浅青色变成了浅黄色，形状为圆棒形或圆锥形，精小管中充满大量的成熟精子。在光学显微镜下观察，精子呈小圆颗粒形
Ⅴ期（产后恢复期）	精巢的体积明显小于Ⅳ期，是自然退化或排过精的精巢。精小管内只剩下精原细胞和少量的初级精母细胞，有的精巢内还有少量精子

精巢的发育有明显的季节性变化，在当年12月至第二年2月，精巢的体积较小，呈白色，细条形，输精管也十分细小，管内以精原细胞为主，即为Ⅰ期精巢。3~6月，精巢体积逐渐增大，形状为前粗后细的细棒状，输精管内以次级精母细胞为主，管内可形成精子，即为Ⅱ期精巢向Ⅲ期精巢过渡。7~8月，精巢变为成熟精巢所特有的浅黄色，精巢明显为Ⅲ期向Ⅳ期过渡，此时有一小部分虾开始抱对。8~9月，精巢的体积最大，精巢颜色变成了浅黄色或灰黄色，呈圆棒形或圆锥形，输精管变得粗大，充满了大量的成熟的精子，即为Ⅳ期精巢，此时大量的虾开始抱对、交配。

10月以后，水温下降，食物逐渐缺乏，精巢发育属于Ⅴ期，基本处于停止，直到第二年3月，水温开始回升，食物逐渐增多，精巢才又开

28

始下一个发育周期。

5. 繁殖力

繁殖力是指小龙虾怀卵数量的多少（粒），是绝对繁殖力，也有用相对繁殖力来表示的。相对繁殖力用卵粒数量同体重（湿重）或体长的比值来表示：

$$相对繁殖力 = \frac{卵粒数量}{体重}$$

或

$$相对繁殖力 = \frac{卵粒数量}{体长}$$

只有在卵巢发育处于Ⅲ期和Ⅳ期卵巢的卵粒才可作为计算繁殖力的有效数据。

小龙虾的繁殖季节为7~10月，高峰时期为8~9月，在此期间绝大部分成虾的卵巢发育都处于Ⅳ~Ⅴ期。通过对100余尾小龙虾繁殖力的测定，结果表明，小龙虾的体长为5.5~10.3厘米，平均体长为7.9厘米；体重为7.17~71.05克，平均体重为39.11克；个体绝对繁殖力的变动范围为172~1158粒，相对繁殖力的变动范围为2~41粒/克或47~80粒/厘米。小龙虾体长与平均绝对繁殖力的关系见表3-4。

表3-4 小龙虾体长与繁殖力的关系

体长/厘米	平均绝对繁殖力/粒	体长/厘米	平均绝对繁殖力/粒	体长/厘米	平均绝对繁殖力/粒
5.5~5.9	323	7.0~7.9	469	9.0~9.9	720
6.0~6.9	376	8.1~8.8	609	10.1~10.3	872

从表中可以看出，个体长的虾的绝对繁殖力较个体短的要高。小龙虾的相对繁殖力随体长的增加而增加是显而易见的。

6. 胚胎发育

每年8~9月产出的黏附在小龙虾母体上的受精卵如图3-3所示。在自然条件下，受精卵的孵化时间为17~20天，孵化所需要的有效积温为453~516℃·天。在此期间，最低水温为19℃，最高水温为30℃，平均水温为25.8℃。而在10月底以后产出的受精卵，在自然水温条件下，孵化所需要的时间为90~100天，在此期间最低水温为4℃，最高水温为

10℃，平均水温为 5.2℃。日本学者经试验得出：水温在 7℃时，小龙虾受精卵的孵化约需 150 天；水温在 15℃时，孵化约需 46 天；水温在 22℃时，孵化约需 19 天。

图 3-3　小龙虾的受精卵

小龙虾的胚胎发育过程共分为 12 期：受精期、卵裂期、囊胚期、原肠前期、半圆形内胚层沟期、圆形内胚层沟期、原肠后期、无节幼体前期、无节幼体后期、前蚤状幼体期、蚤状幼体期和后蚤状幼体期（图3-4）。

小龙虾受精卵的颜色随胚胎发育的进程而逐渐变浅，从刚受精时的暗褐

图 3-4　刚出膜的蚤状幼体

色，到发育过程中的黄色，最后阶段变成浅黄色，孵化时还有一部分变为透明。

7. 小龙虾的幼体发育

刚孵化出的小龙虾幼体长 5~6 毫米，悬挂在母体腹部附肢上（图

3-5)，靠卵黄囊提供营养，尚不具备成体的形态，蜕壳变态后成为幼虾，这时的雌虾称为抱仔亲虾。幼虾在母虾的保护下生长，当其蜕 3 次壳以后，才离开母体营独立生活。

小龙虾幼体全长是指从幼虾额剑尖端到其尾扇末端的伸直长度，通常用毫米表示。

小龙虾幼体根据蜕壳的情况，一般分为 4 个时期：

（1）Ⅰ期幼体 全长约 5 毫米，体重约 4.68 毫克。幼体头胸甲占整个身体的近 1/2，有 1 对复眼，无眼柄，不能转动；胸肢透明，和成体一样均为 5 对，腹肢有 4 对，较成体少 1 对；尾部具有成体形态。Ⅰ期幼体经过 4 天发育后开始蜕壳，整个蜕壳时间约为 10 小时。蜕壳之后进入Ⅱ期幼体。

图 3-5 抱仔亲虾

（2）Ⅱ期幼体 全长约 7 毫米，体重约 6 毫克。经过第一次蜕壳和发育后，Ⅱ期幼体可以爬行。头胸甲由透明转为青绿色，可以看见卵黄囊呈"U"字形，复眼开始长出部分眼柄，具有摄食能力。Ⅱ期幼体经过 5 天开始蜕壳，整个蜕壳时间约为 1 小时。

（3）Ⅲ期幼体 全长约 10 毫米，体重约 14.2 毫克。头胸甲已经成形，眼柄继续发育，并且内外侧不对等，第一步足呈螯钳状且能自由张合，进行捕食和抵御小型生物；仍可见消化肠道，腹肢可以在水中自由摆动。Ⅲ期幼体经过 4~5 天开始蜕壳。

（4）Ⅳ期幼体 全长约 11.5 毫米，体重约 19.5 毫克。眼柄已基本发育成形。第一步足变得粗大，看不到消化肠道（图 3-6）。该期的幼体已经可以残食比它小的Ⅰ、Ⅱ期幼体。在平均水温为 25℃时，小龙虾经历幼体发育阶段约需 14 天。此时的幼体开始进入到幼

虾发育阶段（图 3-7）。幼虾可以摄食水体中小个体的轮虫、枝角类、桡足类及水生昆虫的幼虫。所以，肥水下塘，虾苗成活率高，道理不言而喻。

图 3-6　幼体　　　　　　　　　图 3-7　幼虾

第二节　人工增殖

一、人工增殖的特点

小龙虾的人工增殖是指在天然水域或养殖水体中投放小龙虾亲本，使其自然交配、产卵、孵化，繁衍后代，达到增加种群的目的。

每年 7~9 月，在稻田、池塘或浅水草型湖泊中，投放经挑选的小龙虾亲虾，亲虾应直接从养殖小龙虾良种场、池塘或天然水域捕捞，亲虾离水的时间应尽可能短，一般要求离水时间以不超过 2 小时为宜，在室内或潮湿的环境中，时间可适当长一些。雌雄比例通常为 3：1。

二、亲虾的选择

亲虾的选择标准如下：

1）颜色为暗红色或深红色，有光泽，体表光滑无附着物。

2）个体大，雌雄个体重量都要在 35 克以上。

3）雌、雄亲虾都要求附肢齐全、体格健壮、活动力强，能迅速翻身转体。

这一标准为通用标准，广泛适用于稻田养殖、池塘养殖等所有人工养殖模式，凡符合以上标准的亲虾，就是标准亲虾。

三、亲虾的投放

首次开展养殖水体，每亩投放亲虾 15~20 千克。对已经养殖的水体，每亩补投亲虾 5~10 千克。对于稻田而言，在投放亲虾前应做好虾沟清池、移植水草等工作。投放后，秋冬季要培肥水质，保持水位，9~11 月保持稻田水位在 10~30 厘米，12 月至第二年 2 月保持稻田水位在 30~50 厘米。对于池塘而言，在投放亲虾前应对池塘进行清整、除野、消毒、施肥、种植水生植物，水深保持在 1 米以上。投放亲虾后，要投放水草，并适度施肥，培育大量浮游生物，保持水体透明度在 30~40 厘米。整个冬季应保持水深在 1 米以上，如气温在 4℃以下，最好水深在 1.5 米以上。对于草型湖泊，由于其自身饲料资源丰富，投放亲虾后则无须再投草、施肥。

四、适时捕捞亲虾

10~11 月幼虾离开母体后，用虾笼捕捞雌虾，当捕到抱卵的雌虾时，应及时放回池中继续饲养，待到附着在雌虾腹部的幼虾全部离开母体独立生活，才可捕起雌虾单独饲养。同时，加强对幼虾的培养管理，孵化工作结束后即可转入小龙虾苗种培育阶段。

第三节　土池人工繁殖

土池人工繁殖是一种投资最少、可因地制宜地利用废弃土池、操作简单的繁殖方法。此方法通过人工控制水温、水质、水位、光照等环境因素，促进小龙虾交配、产卵，从而达到小龙虾繁殖的目的。

一、修建繁殖池

土池面积为 1~2 亩，做成长宽比为 4∶1 的长方形池塘，土池坡比为 1∶（2~4）。土池四周设置高 40~50 厘米的防逃网，如彩图 5 所示。有条件的养殖户，可以在土池上立钢筋棚架或竹棚架，用遮阳布覆盖，以调节土池水温，这对小龙虾的繁殖十分有利。也可在土池上搭建塑料温棚（彩图 6）。土池水深 0.5~1.0 米，放小龙虾前要进行清整、消毒、消除泥鳅、黄鳝、鲫鱼、青蛙等敌害生物。土池准备好后，即可移植水生植物，首选凤眼莲，其次是水花生，这些水草为亲虾提供攀缘、嬉戏、交配等活动场所。

二、投放亲虾

在当年 7 月初，1~2 亩的土池，每池投放小龙虾亲本 180~200 千克，雌雄比例为 2：1 或 5：2。投放亲虾后，保持土池水质良好，并定期加注新水，使用增氧机间歇增氧，如采取微流水方式增氧，效果更佳。每天投喂 1 次，主要投喂一些动物蛋白含量较高的饵料，如螺蚌肉、鱼肉及屠宰场的下脚料等。

三、自然产卵孵化

通过控制光照、温度、水位、水质等措施，改善水域环境，使亲虾交配、产卵、孵化。10 月中下旬开始用虾笼捕捞亲虾，对幼虾加强投喂，同时分期分批捕捞幼虾。如果水温低于 20℃，可去掉棚架上的遮阳布，再覆盖一层塑料薄膜，建成简易的温棚，可大大缩短孵化和出苗时间。在繁殖季节，每亩土池可繁殖幼虾 25 万~30 万尾。

第四节　人工诱导繁殖

提示

小龙虾人工诱导繁殖是 2005 年在湖北省潜江市率先试验成功的人工繁殖方法，主要是模拟小龙虾仿生态环境条件。现在这种方法得到延伸，被广泛应用在池塘、稻田等水域进行虾苗繁育。影响小龙虾繁殖的主要因素是光照、水温和水位。

小龙虾人工诱导繁殖是采取"控制光照，控制水温，控制水位，改善水质，加强投喂"五位一体的人工诱导、工厂化繁殖方法，如图 3-8 所示。其中，控制水位、改善水质、加强投喂是辅助措施，为小龙虾的性腺继续发育创造良好的生态环境和营养条件，进一步缩小小龙虾性腺发育的个体差异，增加同步性。同时，控制水位还起着辅助诱导的作用。小龙虾遇到池塘或稻田水位变浅，就会刺激其掘洞，刺激性腺发育，促进成熟，为繁衍后代做准备。控制光照和水温是诱导小龙虾产卵的关键因素。生物学研究表明，甲壳动物的生长、蜕皮、生殖都会受到光照、温度的影响或调控，越是低等动物，受到的影响越大。所以，光照和温度是调控小龙虾等甲壳动物生殖生理最重要的因素。

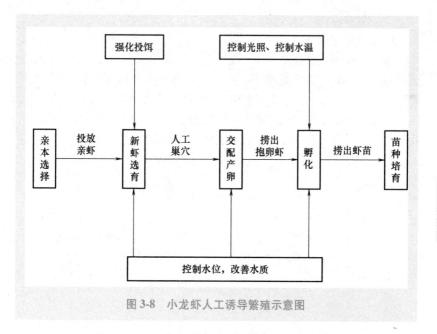

图3-8 小龙虾人工诱导繁殖示意图

人工诱导繁殖的小龙虾种苗有三大优势：

（1）品质优良 工厂化繁殖的种苗，亲本来源于不同水环境，具有杂交优势，避免了因原塘留种虾而带来的近亲繁殖、种质退化现象的发生。

（2）规格整齐 工厂化繁殖的种苗，由于采用人工诱导，创造优良环境使雌虾集中交配、集中抱卵、集中孵化、集中培育，因而虾苗规格一致，避免了虾苗因大小不一而引起的自相残杀，最终导致成虾养殖产量下降的情况发生。

（3）提早上市 人工繁育的虾苗，一般在冬季来临之前即进入稚虾培育阶段，到第二年3月底4月初即可达到3~4厘米大小的整齐虾苗，一般比自然繁殖的虾苗提前40天上市。因此，人工繁育的虾苗深受农民的欢迎。

小龙虾人工繁育有多种形式，主要包括水泥池、工厂化和温室3种。这三种形式在亲虾的选择、培育和产卵的环节都是相同的，所不同的只是抱卵虾的孵化形式不同。

一、虾的培育

1. 培育池的准备

亲虾培育池一般采用土池，面积视规模而定。小规模生产时，土池面积为 20~100 米²；大规模生产时，土池面积一般在 500 米² 以上，有的可达 2000 米² 以上。池水深 1.0~2.0 米，池埂宽 1.5 米以上。建好进、排水系统，四周池埂用塑料薄膜或钙塑板搭建防逃墙，防逃设施可建在池塘边，防止亲虾上岸打洞，影响起捕。亲虾培育池需水源充足，水质清新无污染，溶氧量高，特别是强化培育期间的水体溶氧量要求在 4 毫克/升以上。亲虾放养前 15 天，每亩用生石灰 80~120 千克化水全池泼洒消毒，同时施入 200~300 千克腐熟的畜禽粪培肥水质。然后，经注入过滤后的新水，在池内移植一些水草，如伊乐藻、水花生、盘根草、凤眼莲等，保持其多样性。水草面积约占亲虾培育池面积的 1/3，如图 3-9 所示。

图 3-9　亲虾培育池一角

经验　水葫芦可以作为泥土保湿的指示植物，稻田或池塘在8月就提早排水，能够刺激小龙虾提早掘洞繁殖，水草保持土壤湿润，洞穴中的小龙虾不会因缺水而干死。

2. 亲虾的选择

挑选小龙虾亲虾的时间一般在5~8月，应直接从省级良种场或天然水域捕捞，亲虾离水的时间应尽可能短，一般要求离水时间不超过2小时，若在室内或潮湿的环境下，可适当延时。雌雄比例以3：1为好。

经验　亲本最好到捕捞现场直选，市场上的小龙虾经虾贩的加工处理，虚有其表，不可使用。

3. 亲虾的培育

（1）水质管理　亲虾放养后，要保持良好的水质，定期加注新水，定期更换部分池水，有条件的可以采用微流水的方式，保持水质清新。

（2）饲料与投喂　亲虾由于性腺发育的营养需求，对动物性饲料的需求量较大，喂养的好坏直接影响到其怀卵量及产卵量、产苗量。因此在亲虾的喂养过程中，必须增加动物性饲料的投入，一般每天投喂1次，投喂量占存塘亲虾总重量的4%~5%，可根据天气、摄食情况及时调整。饲料品种以水草、玉米、麸皮、小麦等植物性饲料为主，适当搭配一些新鲜的螺蚬蚌肉、小杂鱼、屠宰场的下脚料。喂养方法是动物性饲料切碎，植物性饲料浸泡后沿池塘四周撒喂。日投喂量可视摄食情况、天气状况、气温高低灵活掌握，并及时调整。

（3）日常管理　每天坚持巡塘数次，检查摄食、水质、交配、产卵、防逃设施等，及时捞除剩余的饵料，修补破损的防逃设施，确定加水或换水时间、数量，确定益生活水素的施用时机，及时补充水草、蚌肉或螺蛳，对交配与产卵情况做详细了解，做好各项记录。

小巧门 小龙虾喜穴居，人工繁殖时，可利用水泥板、石棉瓦、废水管、竹筒、塑料瓶、黄鳝巢穴等设置人工巢穴，可减轻小龙虾的体力消耗，扩大空间，增加密度，提高产量。

4. 适时捕捞成熟亲虾

亲虾由于放养时间不同，在秋季管理上存在差别，导致成熟度不一致。如果在5月底至6月初投放亲虾，就可在7~8月开始捕捞，并检查雌虾的抱卵情况。一旦发现有抱卵虾，说明大部分亲虾已成熟，可用地笼开始集中捕捞，并做好亲虾的暂养与运输。

二、亲虾产卵

1. 产卵池的建设

亲虾产卵池一般为水泥池，水泥池建设场地宜选择在地势平坦、排水方便的陆地上，集中连片建设。每个水泥池面积为10~20米²，池深1米，池底按1%的坡度建设，按照低排高灌的原则，排水口设在最低的一端底部，进水口设在高端的上部，在池壁的中间40厘米处设1个溢水口。排水口和溢水口用20目（孔径约0.85毫米）的纱网布过滤，进水口处用60目（孔径约0.25毫米）的纱网布袋过滤。在连片的水泥池四周架设钢架，钢架高2~3米，根据水泥池的规模而定。钢架的顶端及四周敷设遮阳布，如图3-10所示。

图3-10 产卵池

水泥池建成后，用清水浸泡一周，在使用前用20毫克/升高锰酸钾浸泡2小时。在亲虾投放前一周，模拟黑暗洞穴，在水泥池四周用石棉瓦、竹筒、塑料筒等设置亲虾人工巢穴。塑料筒最简易的制作方法是，使用废弃的纯净水瓶，用剪刀剪去瓶口锥形部分，把瓶体部分用黑色或蓝色的丝袜等包裹，2个为一组捆绑在一起，就是一对很好的巢穴，如图3-11所示。在水泥池中投放1/3面积的带根水花生，同时在池中投放1/3面积的凤眼莲。水花生、

图3-11 人工巢穴塑料筒

凤眼莲入池前应用清水洗净，并用10毫克/升的漂白粉浸泡10分钟。

2. 亲虾投放要求

（1）亲虾的质量要求 按照亲虾标准认真选择，外购亲虾应经检疫合格。

（2）亲虾投放 8月，在水泥池中投放亲虾，投放密度为20~30尾/米^2；雌雄比例为3∶1。

（3）饲养管理 每天投喂1次，尽量多投喂一些动物性蛋白质含量较高的饵料，如水蚯蚓、蚯蚓、螺蚌肉、鱼肉及屠宰场的下脚料等，并定期投放一些凤眼莲、水花生、马来眼子菜、轮叶黑藻、菹草等。保持水泥池的水质良好，定期加注新水，晚上开增氧机增氧，有条件的最好采取微流水的方式，一边从上部加进新鲜水，一边从底部排出老水。采用"控制光照，控制水温，控制水位，改善水质，加强投喂"五位一体的方法，人工诱导小龙虾亲虾进洞、交配、产卵。

三、抱卵虾的人工孵化

1. 水泥池孵化

（1）环境条件 每个水泥孵化池的面积为10米^{2}左右，按1%的坡

度建设，排水口设在最低的一端底部，进水口设在高端的上部，在池壁的中间 30 厘米处设 1 个溢水口。排水口和溢水口用 20 目的纱网布密封，进水口处用 60 目的纱网布袋过滤。在连片的水泥池四周架设钢架，钢架高 2~3 米。钢架的顶端及四周敷设遮阳布。进抱卵虾前一周移植凤眼莲，面积占水泥孵化池面积的 1/3，凤眼莲入池前应用清水洗净并用 10 毫克/升的漂白粉浸泡 10 分钟。

（2）孵化过程　雌虾产卵 24 小时后，将抱卵虾用水桶、面盆等容器带水装运，小心移入孵化池孵化，每平方米投放抱卵虾 20 尾左右（约5000 粒卵），如图 3-12 所示。保持水泥池内水质良好，水体溶氧量在 5毫克/升以上，保持微流并增氧。尤其是在缺水环境中的抱卵虾在洞穴中长期处于休眠状态，维持低水平代谢，活动能力较差，所以人们在捕捉时要格外小心。

抱卵虾的活动

图 3-12　水泥孵化池中的雌虾

　　幼体孵出后，就可向孵化池中投放人工培育的单胞藻和轮虫供虾苗开口。仔虾离开母体后，及时捕捞，转入幼虾池培育，刚离开母体的仔虾如图 3-13 所示。

　　适宜的孵化温度为 22~28℃。水温在 18~20℃ 时，孵化期为30~40 天；水温在 25℃ 时只需 15~20 天。稚虾孵化后在母体保护下完成幼虾阶段的生长发育过程。稚虾一离开母体，就能主动摄食，独立生活。

图 3-13　刚孵出的仔虾

（3）孵化能力　1000 米^2 的水泥孵化池，在一个繁殖季节可生产幼虾 1000 万尾左右。如果水泥孵化池面积缩小，则孵化能力相应降低，但人工更好控制。这种方法孵化的虾苗，个体整齐，成活率高，生长速度也较快。

2. 工厂化人工孵化

使用室内水容器进行工厂化繁殖小龙虾苗种，采用流水或充气结合定期换水的方法，为虾苗生长发育提供良好的环境，可以进行高密度工厂化育苗。

（1）育苗设施　育苗设施主要有室内孵化池、育苗池、供水系统、供气系统及应急供电设备等，如图 3-14 所示。有条件的育苗厂也可建设室内亲虾暂养池及交配池等。繁殖池、育苗池的面积一般为 12～20 米^2，池水深 1 米左右，建有进、排水系统及供气设施，进、排水管道以塑料制品为好。繁殖池及育苗池的建设规模，应根据本单位生产规模及周边地区虾苗市场的需求量而定。

（2）抱卵虾投放及虾苗孵化　工厂化育苗所用的亲虾为产卵池的小龙虾交配产卵后获得的抱卵虾。抱卵虾的选择标准以受精卵颜色深浅为依据，基本一致的作为同一个批次，以保证人工孵化的幼体发育基本同

图 3-14　工厂化人工孵化

步，从而使同池虾苗规格基本一致。抱卵虾可直接放入孵化池中，待获得虾苗后再捞起亲虾。最简便的方法是在孵化池中设置孵化网箱，网箱的网目大小以虾苗能自由进出为准，这样孵出的虾苗可直接进入孵化池觅食。放养量为每平方米放养抱卵虾 50 尾左右。抱卵虾孵出蚤状幼体，吊挂于亲虾的腹部附肢上，蜕壳后成 1 期幼虾。幼虾在 1 厘米以内时由亲虾保护，通常亲虾保护幼虾一周的时间，因此，要及时捕出产空的亲虾。幼虾分散于池的底层，营底栖生活，此时可进行虾苗培育。也可让抱卵虾在繁育池中集中孵化，然后将幼虾用网捕捞出，集中到育苗池中进行培育。将幼虾按每立方米水 2 万~3 万尾移到育苗池中培养。幼虾可用灯光、流水诱捕或排水网箱收集，在收集移苗过程中动作要轻、快，以防幼虾受伤影响发育及成活率。

3. 温室人工孵化

对于 10 月以后抱卵较晚的虾，由于气温很低，在自然条件下，往往当年不能孵出，如不采取措施，则要等到第二年 4~5 月才能孵出。因此，可采取温室孵化，确保当年出苗，如图 3-15 所示。温室的建设，要从保温、避光、通风 3 个方面设计建设，同时要建好进、排水和增氧设施，确保孵化过程中溶氧充足。

图 3-15　温室孵化车间

提醒

　　工厂化孵化育苗是一种理想状态，虽然很多科研单位和专家做过多年的探索，多处在理论层面，实际生产的虾苗比普通稻田或池塘数量少得多、成本又要高得多，还不宜大面积推广，所以养殖户寄希望于虾苗来自工厂化生产，还需要一个相当长的时期才可实现。

小龙虾苗种培育

通过人工繁殖或自然繁殖获得刚离开母体的幼虾，经过一段时间的培育，觅食和运动能力显著提高，这时的幼虾就叫苗种，俗称虾苗。幼虾体长9~12毫米，个体小、体质差，觅食能力、抵御和躲避敌害的能力都很弱，成活率仅为20%~30%。如果将幼虾投放到人工培育池饲养到2.5~3.0厘米，即成为苗种，也叫虾种，然后再放入池塘、稻田等天然环境中养殖，其成活率可提高到80%以上。苗种问题是提高小龙虾产量的瓶颈，只能通过人工培育的方式加以解决。小龙虾苗种池可因地制宜就地取材选取水泥池、土池、稻田等。

第一节　水泥池培育苗种

一、水泥池条件

1. 面积和水深

水泥池的面积为8~24米^2，池深1.0~1.2米，幼虾培育池水深0.3~0.5米，随幼虾的生长逐渐加深到0.6~1.0米，如图4-1所示。也可在原繁殖池或孵化池直接培育，只是需要将原池的雌雄亲虾移至别处，水草和虾巢留池继续使用。

2. 脱碱处理

新建的水泥池，由于碱性过重，需经过脱碱处理后方可使用。简单的方法是，先将池内注满水，每隔2~3天换1次水，经过5~6次，碱性即可消失。也可用10%的醋酸将池的表面洗刷1~2次，再注满水，浸泡4~5天碱性即可消失。脱碱后的水泥池需要用苗种进行试水，进一步检查毒性是否消失。试水方法是，将10尾左右的小龙虾苗种放入已注水的池中，24小时后未见异常，说明该池可正常使用。

3. 水源和水位

培育池要求内壁光滑以防小龙虾逃跑。池底要有一定的倾斜度，在排水口处有集虾槽和水位保持装置。水位保持装置一般有池内、池外2种形式。池内装置可用内外两层套管，内套管的高度与所希望保持的水位高度一致，起保持水位的作用。外套管高于内套管，底部有缺刻（排水口），灌注水提升水位时，池底低陷处的垃圾物就会被水压带至底部优先排出，而刚加进来的新鲜水是不会在短时间内被排出的，如图4-2所示。设计在池外的水位保持装置，可将安装在池壁之外的排水管竖起一定高度，通过调节外管倾斜的位置控制水位，即上部进水，底部排水。池水深度保持在0.6~0.8米即可。

图4-1 水泥池培育小龙虾苗种

水源一般使用清新的河水、湖水。取水时需要使用40目（孔径约0.425毫米）的密眼网布过滤，以防小鱼、小虾、青蛙等敌害侵入。

图4-2 排污和水位保持装置

4. 移植水草

小龙虾苗种在高密度饲养的情况下，易受到敌害及同类的撕咬，因此，培育池可通过移植菹草、轮叶黑藻、水花生、凤眼莲等水草来扩充空间，提高隐蔽性。将沉水植物成团并用重物压至水底，每团1~2千克，每2~5米²放一团。将凤眼莲等漂浮植物移植于水面。水生植物不仅提供幼虾攀爬、栖息和蜕壳的隐蔽场所，还可作为幼虾的饲料。池中除水草外，还可敷设一定数量的网片、竹筒、瓦片、巢穴等，来增加幼虾活动场所，可以大幅度提高苗种的成活率，如图4-3所示。

图4-3 小龙虾的巢穴

二、投放苗种

1. 投放时间

通过人工培育的苗种（图4-4），下塘时间为每年9~10月，在季节较晚的年份，苗种下塘的时间可以推迟到12月。苗种投放前要先行试水，并确认水体毒性消失方可进行。

2. 规格与密度

幼虾放养的密度与培育池条件密切相关。有增氧条件的水泥池，每平方米可放养刚离开母体的幼虾（体长0.8厘米）1000~1500尾。放苗时盛苗容器内的水温与池水水温差距不能超过±2℃，防止苗种出现应急反应。如果使用尼龙袋运输，应采用双层尼龙袋带水充氧运输。根据距离远近，每袋装幼虾0.5万~1.0万尾。在放苗下池前应做"缓苗"处理，将充氧尼龙袋置于池内20分钟，使充氧尼龙袋内外水温一致后再把苗种缓缓放出。同一规格的苗种放入同一个虾池，规格相差较大的苗种要进行分级饲养，防止大吃小现象发生。

图4-4 人工繁殖的苗种

三、日常管理

日常管理的主要工作是投喂和调控水质。每天应结合投喂巡查4~5次，并做好记录。定时投喂浮游动物或人工饲料。培育池适宜水温为22~28℃。应保持水温的相对稳定，遇到炎热天气可使用遮阳布适当降温。

投喂的浮游动物饵料可从池塘或天然水域捞取。人工饲料有豆浆、动物肉浆或专用发酵粉料。适当搭配玉米粉、小麦粉等混合成糜状或加工成软颗粒饲料。每天投喂3~4次，日投料量早期每万尾幼虾为0.20~0.30千克，白天投料量占日投料量的40%，晚上占日投料量的60%；中后期按培育池虾体重的6%~10%投料。具体投料量要根据天气、水质和虾的摄食量灵活掌握。

在培育期间，定期排污、换水、增氧，溶氧量保持在5毫克/升以上。培育池最好有微流水条件，如果没有，则需要每天白天换水1/4，晚上换水1/4。通宵开增氧机，或者间歇性充气增氧，防止苗种浮头。

四、幼虾捕捞

幼虾在水泥池培育20~30天，即可长到3~5厘米，此时可起捕投放到成虾养殖水域中进行成虾的养殖。幼虾捕捞主要有拉网捕捞和放水收集2种方法。

1. 拉网捕捞

用一张柔软的丝质夏花鱼苗拉网，从培育池的浅水端放下铺开，再向深水端拉并慢慢收起即可。此种方法适合于面积比较大的水泥池。对于面积比较小的培育池，可直接用一张丝质网片，两个人在培育池内用脚踩住网片底端并绷紧，使网片下端贴底，上端露出水面，形成网兜状，两个人靠紧池壁，从培育池的浅水端慢慢移向深水端，再收起网片即可成功收集虾苗。

2. 放水收虾

将培育池的水位放至集虾槽位置，然后用手抄网在集虾槽收虾。或者将柔软的丝质抄网放于排水口处接虾，抄网搁在水盆上，以减少苗种挤压，再将池水放干，幼虾即随水流进入抄网，如图4-5所示。

图4-5 用抄网收集苗种

第二节 土池培育苗种

一、土池条件

1. 面积大小

长方形土池的适宜面积为0.5~2.0亩。土池设计为东西走向，减少池埂对阳光的遮挡，延长日光照射时间，促进浮游生物进行光合作用。池埂坡比为1∶（3~4），长度与宽度比为（3~4）∶1，长方形土池的缓坡设计有利于水草生长和小龙虾的栖息、掘洞和觅食，如图4-6所示。水深保持在0.8~1.0米，培育池底部淤泥要清除，在培育池的排水口一端要开挖2~4米²的集虾坑，深约0.5米，并要修建好进、排水系统和防逃设施。

图4-6 长方形土池的平缓坡度

经验

　　小龙虾喜欢生活在池边浅水处的水草中，因此土池坡度应小，如果用角度来说明，那就是坡度角小于30度，以保证池埂的斜坡平缓，这是提高苗种产量的关键所在。

2. 消毒培肥

　　放养苗种前，培育池要彻底消毒，清除敌害并培肥水质。方法是每亩用100~150千克生石灰化水全池泼洒。培肥池水，每亩施腐熟的人畜粪肥或草粪肥300~500千克。培育幼虾喜食的天然饵料，如轮虫、枝角类、桡足类等浮游生物，小型底栖动物，周丛生物及有机碎屑。土池四周用50~60厘米高的围网封闭，防止敌害生物侵入。

3. 移植水草

　　幼虾在高密度饲养的情况下，易受到敌害生物及同类的侵袭，因此，培育池中要移植和投放一定数量的沉水性及漂浮性植物来相应增加苗种的活动空间来躲避敌害。沉水性植物可移植菹草、金鱼藻、轮叶黑藻、马来眼子菜，漂浮性植物可用凤眼莲等，并用竹子固定在培育池的角落或池边，供幼虾攀爬、栖息和蜕壳时作为隐蔽的场所，还

可作为幼虾的饲料，以保证幼虾有较高的成活率。还可敷设多块水平或垂直的网片，增加幼虾栖息、蜕壳和隐蔽的场所。

4. 水源和防逃

培育池一般用河水、湖水、水库水等作为水源，要求水源充足、水质清新、无污染，要符合国家颁布的渔业用水或无公害食品淡水水质标准。进水口用 20～40 目（孔径为 0.425～0.85 毫米）筛网过滤进水，防止昆虫、小鱼虾等敌害生物随水流进入池中危害苗种。

二、幼虾放养

1. 放养密度

9～10 月投放幼虾，放养密度为 200～400 尾/米^2，即每亩放养幼虾13 万～26 万尾。幼虾放养时，要注意同池中幼虾的规格保持一致，体质健壮，无病无伤。大小一致，可以避免幼虾相互抢食和撕咬，提高成活率。

2. 放养时间

放养时间要选择在晴天早晨或傍晚，尤其是在六七月炎热的夏天，更要选择在凌晨，气温和水温都低，避免阳光照射，带水操作，动作要轻快。将幼虾投放在事先泼洒多维葡萄糖的浅水水草区域，通过渗透作用，能使幼虾迅速吸收并补充能量，恢复活力，减少应激，很好地保护幼虾，确保投放成功。

　　放幼虾时要做到培育池的水温与运虾袋中的水温一致，相差不得超过±2℃。相差过大时，要先缓苗。

三、日常管理

1. 定期追肥

小龙虾幼虾放养后，饲养前期要适时向培育池内追施发酵过的有机草粪肥，培肥水质，培育枝角类和桡足类浮游动物，为幼虾提供充足的天然饵料。

2. 科学投料

饲养前期每天投喂 3～4 次，投喂的种类以鱼肉糜、绞碎的螺肉和蚌肉或从天然水域捞取的枝角类和桡足类浮游动物为主，也可投喂屠宰场和食品加工厂的下脚料、人工磨制的豆浆等。投料量为每万尾幼虾0.15～0.20千克，沿池边多点片状投喂。饲养中、后期要定时向池中投施腐熟的粪肥，一般每半个月投1次，每次每亩100～150千克。每天投喂2～3次人工饲料，如豆浆、小鱼虾、螺蚌肉、蚯蚓、蚕蛹等动物性饲料，适当搭配玉米和鲜嫩植物茎叶，粉碎混合成糜状或加工成软颗粒饲料，日投料量为每万尾幼虾0.30～0.50千克，或者按幼虾体重的4%～8%投喂，白天投料量占日投料量的40%，晚上投料量占日投料量的60%。具体投料量要根据天气、水质和幼虾的摄食量灵活掌握。

3. 调节水质

培育过程中，要保持水质清新，溶氧充足。土池要每5～7天加水1次，每次加水量为原池水的1/5～1/3，保持池水"肥、活、嫩、爽"，溶氧量在5毫克/升；每15天左右泼洒1次生石灰水，用量为3～5克/米³，进行池水水质调节和增加池水中离子钙的含量，为幼虾提供蜕壳生长时所需的钙质。培育池水温的适宜范围为22～28℃，要保持水温的相对稳定。在适宜的条件下，幼虾培育到3厘米左右，需要经3～6次生长蜕壳。

4. 防逃、防敌害

每天巡塘2～3次，观察小龙虾的活动、摄食及生长情况，了解水质和水位的变化，检查防逃设施有无破损，清除田鼠、蛙类等敌害生物。补充不足的水草，或刈割多余的水草，要保持环境安静。

四、幼虾采集

1. 采集时间

幼虾经过20～30天培育，体长达3厘米以上，基本具备摄食和防御敌害的能力，此时可将幼虾捕捞起来，转入成虾池饲养或作为苗种出售。

2. 采集工具和方法

采集幼虾的工具是鱼苗拉网或地笼。用一张柔软的丝质夏花鱼苗拉网，从培育池的浅水端向深水端慢慢拖曳，到另一端收网，网兜内即是收获的幼虾。也可用地笼按常规的方法捕捞，一般1～2小时就要起一次地笼，把幼虾倒出来，以防密度过大，造成幼虾挤压和窒息。

用地笼收获
小龙虾幼虾

第三节 稻田培育苗种

利用稻田的自然条件，搭建好防逃设施，投放离开母体不久的幼虾，依靠稻田本身的天然饵料，经过 30 天左右的饲养，就可将规格为 0.8~1.2 厘米的幼虾培育成全长为 3~5 厘米的虾种。这是一种获得小龙虾苗种最直接、最简便、收益最好的方法。目前，稻田最适合繁育虾苗（图 4-7），池塘最适合养大虾。

图 4-7 稻田培育苗种

一、稻田准备

1. 基础设施建设

在稻田中按照虾稻共作的要求挖好围沟，布设防逃网，清除野杂鱼、蛙类、鼠类敌害，移植水草、湖螺和水蚯蚓等饵料生物。有条件的养殖户还可以在稻田中设置若干个培育区，面积为 100~200 米^2，用 20 目的网片围造，便于苗种的集中投喂和饲养管理，还可以掌握苗种数量，促进其生长。

2. 水位控制

稻田与围沟是两个独立的用水单元，其水位可以根据各自的需求分开控制，互不影响。围沟的水深一般为 0.5~0.8 米，并保持相对稳定的状态，为苗种提供觅食、栖息的场所。

3. 移植水草

水草包括沉水植物（苤草、马来眼子菜、轮叶黑藻等）和漂浮植物

（凤眼莲、水花生等）两类，沉水植物的移植面积应为培育池面积的50%~60%，漂浮植物的移植面积应为培育池面积的40%~50%，并用竹筐固定在围栏中和稻田围沟里。

4. 培肥水质

苗种投放前7天，应在培育区施经发酵腐熟的农家肥，如鸡粪、牛粪、猪粪等，每亩用量为100~150千克。还可以施氨基酸速效肥，为幼虾快速培育适口的天然饵料生物。

二、幼虾投放

1. 投放时间

当年9~10月投放离开小龙虾母体不久的幼虾，投放时间宜选择在晴天早晨、傍晚或阴天，避免阳光直射和高温蒸烤，还要减少长途运输时间，有效控制其体能消耗。

2. 放养密度

应主要根据稻田饵料生物的密度和种类来确定，一般每亩投放规格为0.8~1.2厘米的幼虾15万~20万尾。

3. 运输方法

幼虾采用双层尼龙袋充氧、带水运输。根据距离远近，每袋装幼虾0.5万~1.0万尾。

三、日常管理

1. 投料

幼虾投放第一天即可投喂专用配合饲料（粉料），也可以投喂鱼糜、绞碎的螺蚌肉、屠宰场的下脚料等动物性饲料。每天投喂3~4次，除早上、下午和傍晚各投喂1次外，有条件的宜在午夜增投1次。日投料量一般以幼虾总重的5%~8%为宜，具体投料量应根据天气、水质和虾的摄食情况灵活掌握。日投料量的分配如下：早上20%，下午20%，傍晚60%；或者早上20%，下午20%，傍晚30%，午夜30%。

2. 巡池

早晚巡池，观察水质等变化。在幼虾培育期间水体透明度应为30~40厘米。水体透明度用加注新水或施肥的方法调控。经15~20天的培育，幼虾规格达到2~3厘米后即可撤掉围网，让幼虾自行爬入稻田，转入成虾稻田养殖。

第四节 小龙虾种质鉴别方法

一、影响苗种质量的因素

1. 不适宜的育苗环境

环境污染、生活污水滥排滥放、水体富营养化以及疫病蔓延，是导致小龙虾种质退化的主要原因。

2. 近亲繁殖

在自然条件或人工养殖条件下，环境长期单一不变，亲本和苗种得不到交换和交流，遗传性疫病蔓延，造成种质退化。

3. 饲料营养缺乏

人工配合饲料质量差，必需氨基酸和维生素缺失，导致苗种生长缓慢，头大尾小，钢虾（老虾）增多，体质下降。

4. 育苗密度过大

小龙虾苗种需求量大，价格年年攀升，受利益驱动，虾苗场盲目扩建、改建，超高密度育苗，导致小龙虾体质衰退、规格不齐。

5. 滥用农药化肥

过度使用肥料农药和除草剂，使用禁用渔药，导致药物残留超标，不仅危害苗种质量，还影响食品安全。

二、苗种质量鉴别方法

1. 看体色

优质小龙虾苗种色素分布均匀，体色晶莹透亮（图4-8）；劣质苗种往往体色灰暗无光泽。

图 4-8 体色一致的优质苗种

2. 看活力

将苗种捕起放在容器内进行鉴别：优质苗种活蹦乱跳，弹跳力强，将其腹肢朝上放置，它能迅速翻身，螯足夹持有力；劣质苗种行动迟缓，奄奄一息。

3. 看群体

好苗种规格整齐，身体健壮，光滑而不带泥，游动活泼；劣质苗种规格参差不齐，个体偏瘦，有些身上还沾有污泥。

第五节　影响苗种成活率的因素及提高苗种成活率的措施

一、影响苗种成活率的因素

近几年，随着小龙虾养殖业的升温，养殖人员越来越多，虽然已经积累了丰富的养殖经验，但是，苗种培育的成活率和单位面积产量仍是小龙虾产业的瓶颈。生产中发现，小龙虾苗种的成活率与其下塘时的个体大小、操作技术和运输方式有密切关系。例如，体长1.5~2.0厘米的苗种，如果采取氧气袋运输，则成活率很高，可以达到90%以上；如采取干法运输，则死亡率很高，成活率仅为80%。而体长3~5厘米的苗种，只能采取干法装箱运输，但捕捞操作不当、苗种装得太多、运输时间过长、水体温差过大等都会引起苗种大量死亡。

二、提高苗种成活率的措施

1. 改善捕捞操作方法

人工繁育的苗种，在捕捞时要用质地柔软的网具从高往低慢慢拖曳；如果采取放水纳苗的方法，则要在接苗处设置网箱并控制水的流速；如果采取地笼捕捞，则每间隔1~2小时就要起一次地笼，把苗种倒进收苗箱并立即装箱待运，以防密度过大，造成窒息死亡。

2. 选择合适的容器和运输方式

个体为1.5~2.0厘米的苗种，应采取氧气袋运输；3~5厘米的苗种则采用干法装箱运输。可用泡沫箱或塑料筐装运，每箱容量为6~8千克，运输时间要尽量短，一般不能超过4小时。

经验

运输苗种时应选择在16℃以下的低温晴好天气进行，起苗和装箱宜在凌晨2：00~4：00进行。用恒温车或冷链车运输，每筐不超过7.5千克。选择池塘边水草丰富的岸坡边放苗，泼洒多维葡萄糖或免疫多糖以减少应激性病害发生。

3. 苗种投放操作规范

投放苗种时，要先将装苗塑料筐浸入池水中 10 秒钟后再提起来，在岸坡边搁置 3~5 分钟，再以同样的方式浸入池水中，反复 2~3 次，让小龙虾的鳃充分湿润，迅速恢复呼吸功能，另外还可以调节虾体和池水的温差，使小龙虾迅速恢复活力。投放地点应选择在水草较茂盛的池边，这样，苗种一下塘就可以找到"救命稻草"，苗种的成活率高是毫无疑问的。

 虾稻连作

稻田养殖小龙虾早期的养殖模式叫作虾稻连作，是指在稻田里种植一季水稻，待水稻收割后，接着在稻田里饲养一季小龙虾。具体做法是，在当年的8~9月，中稻收割前，在稻田里投放小龙虾亲本，由此繁殖供稻田养殖的虾苗；或在9~10月，中稻收割后投放幼虾（即虾种），待第二年的4月中旬至5月下旬在稻田中收获成虾后，再整理田块，播种水稻。这是一个物质和能量循环往复的过程，如图5-1所示。

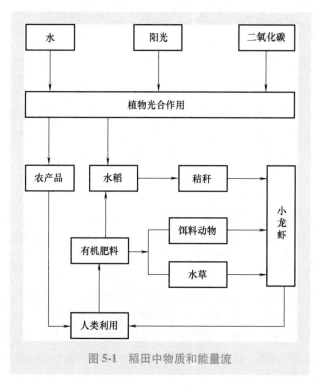

图5-1　稻田中物质和能量流

第一节 稻田养虾模式的变迁

一、种养模式的种类

稻田养殖小龙虾是利用水稻的浅水环境，加以人工改造，既种稻又养虾，开展立体综合种养或稻渔综合种养，做到一水两用（水稻水产），一田两收（收割水稻，收获鱼虾），实现稻田的增产、增值和增效。稻田饲养小龙虾可为稻田除草、除害虫，减少化肥和农药使用量，稻谷的秸秆可以作为小龙虾的饲料，既增加了小龙虾的产量，又有效地解决了秸秆焚烧造成的环境污染，还可使水稻产量增加 8%~10%，同时每亩能增产小龙虾 100~200 千克。

稻田养虾由低级到高级有两种模式：其一，虾稻连作模式，是指在稻田里种一季水稻，然后再养一季虾，即一稻一虾，也叫稻虾轮作；其二，稻虾共作模式，即在种中稻前后各养一季虾，一稻两虾，虾稻一体。其实在具体生产实践中，两个模式是相互联系的，不可割裂开来。

二、种养模式的发展过程

误区　小龙虾在稻田里生长会破坏田埂，毁坏秧苗，严重影响稻谷产量。事实证明：只要进行稻田合理改造，实行科学管理，以上情况是完全可以避免的。

2001 年湖北省潜江市农民首创小龙虾与中稻轮作（现在叫作虾稻连作）模式。这种模式是利用低湖撂荒稻田，开挖简易围沟放养小龙虾种虾，使其自繁自养的一种综合养殖方式。这种模式的主要特点是种一季中稻养一季小龙虾，轮番进行，亩产小龙虾达 100 千克左右。

2012 年，潜江市的水产科技人员在此基础上，又创新发明了虾稻共作模式。这种模式变过去的"一稻一虾"为"一稻两虾"，就是在种稻之前的 3~6 月养一季虾，捕大留小，收获成虾之后，就开始整田种植中稻，在种稻的同时，继续饲养稻田中留下来的小龙虾虾苗，8~9 月再一次收获成虾或种虾。

第二节 稻田工程

一、稻田选择

选择水质良好、水源充足、壤土或黏性土壤、排灌方便、不受洪水淹没的田块进行稻田养虾，如江河附近的稻田、湖区平地、水库周边的稻田对稻田养虾特别有利。一般情况下，能播种水稻的田块就可以养殖小龙虾。稻田面积少则3~5亩，多则百余亩、数千亩，尤其选择集中连片的稻田，面积宜大不宜小，主要意图是扩大小龙虾生存空间和便于机械化作业。

二、稻田施工

1. 田埂与环形沟

沿稻田田埂内侧四周开挖环形沟，沟宽4~6米，深1.2~1.5米，坡比为1：1.25。对于田块面积较大的稻田，需要开挖"十"字形、"井"字形或"日"字形田间沟。田间沟宽0.5~1米，深0.5米，环形沟和田间沟面积占稻田面积的8%~12%。利用开挖环形沟和田间沟的泥土加固、加高、加宽田埂，田埂高0.8~1米，平整田面，如图5-2所示。稻田的优化工程可以使田埂坡度更平缓，田间沟更宽阔，有利于水草生长和小龙虾栖息和攀缘，如图5-3所示。

图5-2 稻田工程

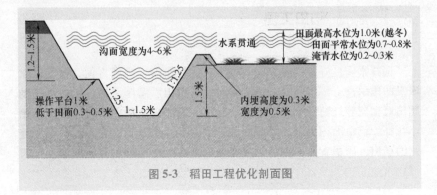

图 5-3　稻田工程优化剖面图

2. 防逃设施

田埂上安装 30~40 厘米的防逃网，目前选用的防逃网材料大多是网片上端缝塑料薄膜、工程薄膜、铝合金板（皮）、石棉瓦再加木杆或钢筋条固定，如图 5-4 所示。排水口安装铁丝网罩或过滤网，起到防止小龙虾外逃和敌害进入的双重作用。进水口用 20~40 目的密眼网片做成的网袋或网箱过滤，以防敌害生物随水流进入，如图 5-5 所示。进水渠道建在田埂上，排水口建在虾沟的最低处，按照高灌低排格局，保证灌得进、排得出。

图 5-4　稻田防逃设施

图 5-5 进水口的过滤网箱

第三节 放养前的准备

一、清沟消毒

放虾前 10~15 天，先清整环形沟和田间沟，清除田埂上的杂草，修正垮塌的田埂护坡，然后进行稻田消毒。每亩稻田用生石灰 20~50 千克，或者选用漂白粉 3 千克，化浆后对环形沟和田间沟进行泼洒，彻底杀灭野杂鱼、青蛙、水蛇等敌害和致病微生物。

二、施足基肥

投放虾种前 7~10 天，在稻田环形沟中灌水 30~40 厘米，结合整田过程，每亩施用经过发酵的猪粪、牛粪等有机肥料 300~500 千克，均匀施入稻田中。农家肥中的有机质可以直接作为小龙虾的食物，还可以改善土壤板结以促进水稻和底栖动物的生长，并减少后期追肥的次数和数量。

三、移栽水生植物

经验

保持伊乐藻一年四季不败的绝招是，当草株长到一定长度时，就要用锯齿草刀从草株根部刈割一次，或者直接使用水上割草机收割，打捞上岸，用作饲料，这样伊乐藻就会继续生长。

在稻田环形沟里移栽伊乐藻、轮叶黑藻、苲草、马来眼子菜等沉水性水生植物（彩图7）。在沟坡边种植蕹菜或绊根草（狗牙根）等。一般水草的种植面积占环形沟面积的40%～60%，以零星点状分布为好，不可聚集成一片，这样有利于环形沟内通风好、水流畅通，还有利于投饲和捕捞。

第四节 虾种投放

一、放种虾模式

在当年的7～8月，即中稻收割之前的1个月时间，将挑选的个体在30克/尾以上的种虾投放在稻田的环沟里，密度为每亩20～30千克，雌雄比例为2∶1。以种虾在稻田中自然繁殖的幼虾作为第二年稻田的全部虾种。亲虾投放后可以不投喂，可自行摄食稻田中的有机碎屑、浮游动物、水生昆虫及水草等天然饵料。

在这种模式中，种虾的选择很重要。选择种虾的标准是：

1）体色为暗红色或黑红色，有光泽，体表光滑无附着物。

2）个体大，雌、雄个体重量都要在30克以上，雄性个体大于雌性个体。

3）附肢齐全、无损伤，体格健壮，活动能力强。

4）种虾捕捞及运输轻便快捷，缩短种虾挤压和离水时间。种虾长时间脱水是成活率低的主要原因。

二、放幼虾模式

每年的10～11月中稻收割后，立即灌水10～20厘米，以能浸泡稻草苑为宜。再往稻田中投施腐熟的农家肥，每亩投施量为200～300千克，均匀地投撒在稻田中，没于水中。待水质培肥后，即肉眼可见田沟水体中出现大量的浮游动物时，才是投放幼虾的最佳时机。

往稻田环形沟中投放规格为250～500尾/千克的幼虾1.0万～1.5万尾/亩。在天然饵料生物不丰富时可适当投喂人工饵料，如动物肉糜、虾粉料、鱼粉等，还可以投放人工采集的枝角类动物、轮虫。

经验
　　推算幼虾成活率的方法是，在稻田的环形沟浅水处铺设若干块面积为 3~4 米² 的小网目网片，网片上移入水花生、凤眼莲等水草团，将幼虾轻轻倒入草团上，幼虾会爬入水草中，并把饲料投放在水草上，使其提前开口摄食。2~3 小时后，移开水草，轻轻取出铺垫的网片，清点网片上死亡的幼虾，就可计算成活率。

　　以上两种放养模式，稻田中秸秆废弃物通过浸沤腐烂的过程也称"淹青"，其所产生的肥效对培育饵料生物十分有利。整个冬季和早春，要施用氨基酸类低温肥，抑制青苔滋生，培肥饵料生物。当水温低于 12℃ 时，小龙虾虽然进入越冬期，但是通过晴天的夜间灯光观察发现虾苗仍然摄食旺盛，所以还需要适当投喂；种虾会进入洞穴中越冬，即冬季停止摄食，直到第二年的 2~3 月开春，水温升高至 15℃ 以上时，才会从洞穴中出来进入到田中觅食，这时要加强投饵、投肥，促进饵料生物和水草的生长。根据稻田肥度，可每个月投 1 次发酵的猪粪、牛粪 100~150 千克。在 4 月中旬，水温升高到 20℃ 以上时，投喂量为稻田存虾重量的 3%~6%，以傍晚投喂为主。投喂专业厂家生产的小龙虾专用饲料，蛋白质含量在 28%~32%，小龙虾上市时间会提早，规格为 4~6 厘米的幼虾（80~120 尾/千克）长至 35 克以上的成虾，一般只需要 28 天左右。

　　捕捞时间从 4 月中旬开始，用地笼捕虾，采用捕大留小的方式，边捕边投喂，一直可以持续到 6 月初，小龙虾基本可以捕捞完毕。待中稻播种季节到来时，排干稻田积水，徒手捕捉剩余的小龙虾。整田插秧，下一个种养周期开始。

第五节　田间管理

　　每天早、晚坚持巡田，观察沟内水色变化和虾的活动、吃食、生长情况。田间管理的工作主要集中在晒田、稻田施肥、水稻施药、防逃和防敌害等工作。

一、晒田

　　稻谷晒田宜轻烤，不能完全将田水排干。水位降低到田面露出即可，而且时间不宜过长。晒田时小龙虾进入虾沟内，如果发现小龙虾有异常反应，就要立即注水。

二、稻田施肥

> **提示**
>
> 　　稻田施肥禁用对小龙虾有害的化肥，如氨水和碳酸氢铵等，这些化肥入水后，产生氨气，对小龙虾来说是剧毒物质。

　　稻田基肥要施足，应以施腐熟的有机农家肥为主，在插秧前一次施入耕作层内，达到肥力持久长效的目的。追肥一般每月1次，可根据水稻的生长期及生长情况施用生物复合肥10千克/亩，或者是畜禽粪肥，对小龙虾无不良影响。施追肥时最好先排浅田水，让虾集中到环沟、田间沟之中，然后施肥，使追肥迅速沉积于底层田泥中，并为田泥和水稻吸收，随即加深田水至正常深度。

三、水稻施药

　　小龙虾对农药都很敏感，稻田施农药时要严格把握安全浓度，并使用机械喷雾设备喷药于水稻叶面上，使药液较少散落于水中。为了安全起见，适宜分区域用药。将稻田分成若干个小区，每天只对其中一个小区用药。一般将稻田分成两个小区，交替用药。这样，对稻田的一个小区用药时，小龙虾如果感到不适，就会自动进入另一个小区，避免药物中毒。避免使用对小龙虾毒性较大的菊酯类和有机磷类杀虫剂。喷雾水剂的时间宜选在下午，因经太阳暴晒后，稻叶干燥，药液能被稻叶快速吸附。另外，施药前，田间需加水至20厘米，喷药后及时换水，以减少药物毒性和药物残留。

用机械喷洒药物

四、防逃、防敌害

　　每天检查进出水口防逃筛网是否牢固，防逃设施是否损坏。汛期防止洪水淹没田块，发生逃虾的事故。巡田时还要检查田埂是否有漏洞，防止漏水和逃虾。

　　稻田中小龙虾的敌害较多，如蛙类、水蛇、黄鳝、老鼠及一些水鸟等，如图5-6所示。除放养前彻底用药物清除外，进水口使用40目纱网过滤，平时注意观察和清除稻田中的敌害生物，保证安全。

第五章

图 5-6　小龙虾的敌害生物

五、调节水质

经常调节稻田水质，使其符合"肥、活、嫩、爽"的水色要求。要想水质"肥、活、嫩、爽"，就必须通过杀菌消毒、改底培肥来实现。具体调节顺序如下：

1. 杀菌消毒

使用复合碘制剂杀菌消毒，主要是杀灭池塘底部的有害菌，特别是有的池塘使用了猪粪、牛粪等有机肥料，有机质大量沉底，如果不对池塘底层进行杀菌，一旦升温，细菌、病毒会大量繁殖，底层生活的小龙虾就会被感染，这是 4~5 月容易造成小龙虾大量死亡的主要原因。所以，每年的 4 月 1 日前需要把高密度池塘中个体重为 15~20 克的小龙虾（俗称库虾，食品厂进冷库作为原料贮存，主要用于加工虾球）出售，减少池塘压力。

2. 改底换水

使用过碳酰胺或季鏻盐改底，降解池塘底部历久残留的水藻、残饵、粪便过多产生的氨氮、亚硝酸盐、有毒铵等有害物质。

增加水循环量，稀释和排放底层改底时氧化的有害杂质，补充有益藻类，丰富池塘浮游生物的多样性，提升池塘的水质。

3. 培肥水质

先培菌后培藻。使用氨基酸肥进行肥水，具有吸收快、营养多的特点。氨基酸肥能够培植大量藻类和有益微生物，保持水体活力，提供虾

苗所需的浮游生物，让池塘的水质"肥、活、嫩、爽"。当池塘中的有益菌大于池塘底部的有害菌时，才能起到抑制底部细菌繁殖的作用。

六、收获与效益

虾稻连作，只要一次放足虾种，经过2~3个月的饲养，就有一部分小龙虾能够达到商品规格。长期捕捞、捕大留小是降低成本、增加产量的一项重要措施。将达到商品规格的小龙虾捕捞上市出售，未达到规格的继续留在稻田内养殖，降低稻田中小龙虾的密度，促进小规格的小龙虾快速生长。

在稻田中捕捞小龙虾的方法很多，可采用地笼、须笼及抄网等渔具捕捞。4月中旬至5月下旬是捕捞旺季，地笼起捕效果最好。每天下午将地笼置于稻田环形沟内，清晨起笼收虾（彩图8）。可以根据小龙虾的密度灵活掌握起笼的时间，防止进笼虾过多因挤压和缺氧而死。最后可排干环沟水徒手捕捉，将小龙虾全部捕获。

虾稻连作，每亩稻田可收获成虾100~150千克，单项收入在3000元以上，能够初步显现稻田综合种养的魅力。

第五章

第六章　虾稻共作

　　虾稻共作是稻田综合种养的经典模式，是在虾稻连作的基础上发展而来的。虾稻共作变过去一稻一虾为一稻两虾，形成了稻中有虾，虾中有稻，虾稻一体，不分不离的种养格局，延长了小龙虾在稻田中的生长周期，小龙虾的生长与收获不再受水稻播种与收割的制约，在不增加种养成本的情况下，提高了养殖产量和经济效益。此外，虾稻共作模式还延伸了发展空间，如"虾鳖稻""虾蟹稻""虾鳅稻"等养殖模式，提高了稻田的利用率和产值，拓宽了农民增收渠道，每亩稻田仅养虾一项可增收 4000~6000 元，大大提高了农民种粮积极性，确保了国家粮食安全。

　　虾稻共作是在稻田中播种一季中稻，并常年养殖小龙虾，在水稻种植期间小龙虾与水稻在稻田中同生共长，水稻收割后继续饲养小龙虾的过程。具体操作是，每年 8~9 月中稻收割之前投放种虾，种虾在稻田中繁殖幼虾，第二年 4~5 月，幼虾即可在稻田中长成商品虾；或者在 9~10 月，待中稻收割后，在稻田中投放幼虾，同样在第二年的 4 月中旬至 5 月下旬收获成虾，并再次在稻田中投放幼虾，使稻田中始终保持一定数量的虾种。再到 5 月底、6 月初播种水稻时节，整田插秧，8~9 月又一次收获成虾，这时的成虾可以选作亲虾出售，也可以作为商品虾出售，再进入下一个种养周期，如此循环交替的过程，就叫虾稻共作（图6-1）。

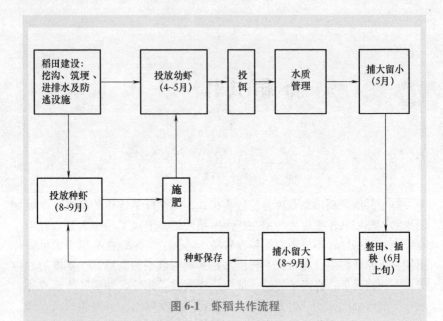

图 6-1　虾稻共作流程

第一节　稻田工程

一、稻田选择

　　稻田生态环境良好，远离污染源，土质为黏土或壤土，保水性能好，水源充足，排灌方便，不受洪涝灾害影响。稻田周边交通便利。稻田面积大小不限，一般需要连片集中，布局合理，规划并美化，以 40～50 亩为一个种养单元，每两个养殖单元为一个承包体。在两个种养单元之间建造 50 米² 的生产用房，其两侧为机耕路，如图 6-2 所示。湖北省潜江市制定了虾稻共作地方标准，要求稻田 40 亩为一个种养单元，长宽比为 2：1，即稻田的规格可以设计为长为 232 米，宽为 115 米；围沟（环形沟）宽 4 米，围沟与田埂之间留 2 米宽的平台，田埂坡比为 1：1.7，围沟坡比为 1：1。这样计算的结果是：稻田面积是 26680 米²，围沟的面积是 2568 米²，围沟占稻田面积的 9.6%，这不会造成水稻减产。如果稻田单元大于 40 亩，围沟所占面积会更小。一些地方农业主管部门陆续出台了虾稻共作稻田建设标准，严格控制稻田围沟和田间沟面积占比不得超过稻田总面积的 10%，稻谷亩产要在 500 千克以上，不得任意扩大稻田沟或水凼的面积，以免减少稻谷产量。

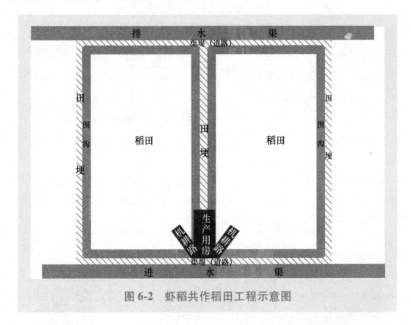

图6-2 虾稻共作稻田工程示意图

二、稻田工程施工

1. 挖沟

一般的施工方法是：沿稻田田埂外缘向稻田内6~10米处开挖围沟，在堤脚距沟3~4米处开挖，沟宽4~6米，沟深1.0~1.5米。稻田面积达到100亩的，还要在田中间开挖"十"字形田间沟，沟宽1米，沟深0.8米。

稻田围沟布局

2. 筑埂

利用开挖围沟的泥土加固、加高、加宽田埂。田埂加固时每加一层泥土都要进行夯实，以防渗水或暴风雨使田埂坍塌。种养单元与单元相连的田埂，底宽8米，面宽3.5米，高1.3米，坡比为1：（1.7~2）。稻田外缘的田埂和沟渠的堤埂要整合成通行道路，如图6-3所示。

3. 防逃设施

稻田排水口和田埂上应设防逃网。排水口的防逃网应为20目的网片做成的过滤栏网。田埂上的防逃网可用聚乙烯网片附膜（聚乙烯网片

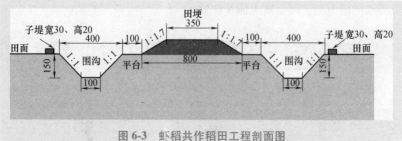

图 6-3 虾稻共作稻田工程剖面图

注：图中尺寸单位为厘米。

上部缝附 20 厘米宽的塑料薄膜）、工程薄膜、铝合金板、石棉瓦制作，一般网高 60 厘米，其中埋入地下 20 厘米，地上部分留 40 厘米，并用木桩、竹竿、钢筋棍等固定，如图 6-4 所示。

虾稻共作时的
防逃围栏

图 6-4 防逃网

4. 进、排水设施

进水口、排水口分别位于稻田两端，进水管和排水管均用 20 厘米聚氯乙烯（PVC）管制作，并用活动站立管调节水位。进水系统建在稻田一端的田埂上，进水口用 60 目的长型网袋过滤进水，防止敌害生物随水流进入。排水口建在稻田另一端围沟的低处。按照高灌低排的格局，保证水灌得进，排得出。

5. 机耕路

在生产用房旁或稻田一角建设机耕路，路宽 4 米，斜坡平缓，下埋直径为 20 厘米的 PVC 管，连通围沟。

第六章

三、移栽植物和投放饵料动物

虾沟消毒 3~5 天后，在沟内移栽水生植物，如轮叶黑藻、马来眼子菜、水花生等，栽植面积控制在围沟面积的 40% 左右。在虾种投放前后，沟内再投放一些有益生物，如水蚯蚓（0.3~0.5 千克/米²）、田螺（8~10 个/米²）、河蚌（3~4 个/米²）等。以上动植物既可净化水质，又能为小龙虾提供丰富的天然饵料。

第二节　虾苗投放模式

一、投放种虾模式

对于初次养殖的稻田，每年 8 月底至 9 月初，往稻田的围沟和田间沟中投放种虾，每亩投放规格为 30 克/尾左右的种虾 20~30 千克。对于前一年已养过小龙虾的稻田，因为田里还留有一些虾种，每亩只需投放 5~10 千克种虾进行补充。具体应该做到以下几点：

（1）种虾的选择　按种虾的标准进行选择，参考虾稻连作模式。

（2）种虾来源　种虾应从养殖场和天然水域挑选。

（3）种虾运输　挑选好的种虾用不同颜色的塑料虾筐按雌雄分装，每筐上面放一层水草，保持潮湿，避免太阳直晒和长时间风干脱水。运输时间不宜超过 8 小时，时间越短越好。

（4）种植水草　种虾投放前，围沟和田间沟应移植 40%~60% 面积的飘浮植物。

（5）种虾投放　种虾按雌、雄比为（2~3）∶1投放。投放时将虾筐反复浸入水中 2~3 次，每次 1~2 分钟，使种虾的鳃充分湿透，恢复呼吸功能，适应水温，再投放在围沟和田间沟中。

种虾投放

二、投放幼虾模式

投放幼虾模式有两种：一是 9~10 月投放人工繁殖的虾苗，每亩投放规格为 3~4 厘米的虾苗 10000~12000 尾；二是在 3~4 月投放稻田繁育的幼虾，每亩投放规格为 4~5 厘米的幼虾 8000~10000 尾。由于人工繁殖虾苗技术难度大，生产条件要求高，虾苗成本也高，目前还难以形成规模化生产，所以多采用第二种模式。

（1）幼虾的选择　在规模化虾苗基地购进规格齐全、健康活泼的虾苗。

（2）幼虾的运输　选用长 550 毫米、宽 390 毫米的专用塑料筐，每

筐不超过 7.5 千克，上面铺放一层水草，保持潮湿。装车后，用浸水的湿棉被包裹全部虾筐，避免阳光直射和风吹，运输时间越短则幼虾成活率越高，以不超过 4 小时为宜。

（3）投放时间和方法　选择在晴天的上午或傍晚，以晴天的清晨为最佳时间。投放方法是，先将虾筐浸入水中 2~3 次，每次 1~2 分钟，让虾鳃湿透，恢复活力。投放地点是，均匀投放在稻田里，水草和稻蔸多的地方投放密度可以大一点，把虾筐搁置于水草边，让幼虾自动爬入水中。

三、稻田虾苗密度计算方法

不论是稻田、池塘还是其他水域，养殖小龙虾的产量与其虾苗投放关系密切。小龙虾的具体密度，取决于养殖水域环境条件、饲料来源与质量、虾苗来源与规格、水源条件、饲料投喂技术等。实践经验表明，人工培育的虾苗，大小为 3~4 厘米，每亩稻田适宜密度为 8000~10000尾。简易计算方法可运用下列公式：

虾苗放养量（千克）= 虾池面积（亩）×预计养殖产量（千克/亩）×
预计出塘规格（尾/千克）÷预估成活率（%）÷虾苗规格（尾/千克）

或者

虾苗放养量（尾）= 虾池面积（亩）×预计养殖产量（千克/亩）×
预计出塘规格（尾/千克）÷预估成活率（%）

例如，稻田面积为 5 亩，投放虾苗规格为 200 尾/千克。计划单产200 千克，预计平均出塘规格为 30 尾/千克，预估成活率为 90%，请计算出该塘口所需多少虾苗？

虾苗放养量=5 亩×200 千克/亩×30 尾/千克÷90%÷200 尾/千克
≈166.7 千克

或者

虾苗放养量=5 亩×200 千克/亩×30 尾/千克÷90%
≈33333 尾

产量计算的经验公式是：

（1）种虾与成虾产量的关系　产量（千克）= 雌虾（千克）×50。

（2）种虾与虾苗产量的关系　产量（千克）= 雌虾（千克）×10。

（3）幼虾（规格 200 尾/千克）与产量的关系　产量（千克）= 幼虾（千克）×5。

虽然这只是人们的经验，但在生产实践中还是有一定的指导作用，如某个 10 亩的稻田计划投种虾（雌虾，雄虾另计）50 千克，那么，第二年预计产量 2500 千克。受到生产条件和种虾周转成活率的影响，最终的产量一般能达到经验值的 50% 左右。

提示　　小龙虾虾苗投放最关键的技术是保证其成活率，虾苗个体小，抗挤压能力差，离水时间视气温高低，一般不可超过 4 小时。只有在池塘就近购苗，用运输箱带水草保湿运输，每箱控制在 5~8 千克，成活率可达 95%。

第三节　饲养管理

一、投饲

8 月底投放的亲虾除自行摄食稻田中的有机碎屑、浮游动物、水生昆虫、周丛生物及水草等天然饵料外，还需少量投喂动物性饲料，每天的投喂量为亲虾总重的 1%。12 月前每月宜投 1 次水草，施 1 次腐熟的农家肥，水草用量为每亩 150 千克，农家肥用量为每亩 100~150 千克。每周宜在田埂边的平台浅水处投喂 1 次动物性饲料或专用配合饲料，投喂量一般以小龙虾总重量的 2%~5% 为宜，具体投喂量应根据气候和小龙虾的摄食情况调整。当水温低于 12℃ 时，可少量投喂或不投喂。第二年 3 月，当水温上升到 16℃ 以上时，就要开始投喂饲料，每天分 2 次投喂，8：00~9：00 投喂总量的 30%，17：00~18：00 投喂总量的 70%，根据天气情况结合饲料观察台上的饲料残留量，适当增减。一般情况下，小龙虾能在 2~3 小时吃完，就说明饲料量合适；反之，就要做调整。饲料量还跟稻田的饵料生物有关，浮游动物和底栖动物丰富时，饲料量应明显减少。投饵方法可使用施肥器式投饵机，全池均匀抛撒在田面上和围沟坡边浅水处，如图 6-5 所示。

二、调控水位

水位管理按照"浅—深—浅—深"的原则，中稻收割后随即加水淹没田面，保持田面水深 10~20 厘米。12 月至第二年 2 月，随着气温的下降，逐渐加深水位至 40~60 厘米。第二年的 3 月至 4 月上旬，水温回升

图6-5　施肥器式投饵机

用机械投喂饲料

时降低水位至20~30厘米，浅水位有利于田块升温。4月中旬至5月底，保持较深水位30~50厘米。利用调节水深的办法来控制水温，促使水温更适合小龙虾的生长。调控的方法是，晴天有太阳时，水位可浅些，让太阳晒水以便水温快速回升；阴雨天或寒冷天气时，水位应深些，避免水温下降。

加水时间宜选择在当天10：00~15：00这个时间段。水稻播种期间，根据秧苗或直播稻要求进、排水，田面和围沟独立管控，保障围沟基本水位和水质良好。

三、搞好"三巡"

提醒

冬季低温，稻田滋生青苔是不可避免的，少量的青苔不会对虾苗造成危害。不可使用青苔净、硫酸铜化学药品等杀灭青苔。2018年开春，多家企业生产的青苔净既杀青苔，也杀虾苗，给众多养殖户造成了很大损失。通过冬季和早春养殖管理，如投食和施用氨基酸低温肥，是可以阻止青苔蔓延的。

　　坚持早、中、晚巡塘（田），主要观察小龙虾的摄食和生长情况，以及水质水位变化和小龙虾活动情况。根据小龙虾的摄食情况及时调整投饵量，根据水质水位变化情况适时加注新水，根据小龙虾活动情况搞好病害防控。

四、病害防控

1. 消除青苔

　　3月中旬，选择晴天的9∶00~15∶00时间段，用生石灰杀青苔，每亩用10千克，化浆趁热均匀泼洒在青苔上。清除青苔时，田面水位保持在30厘米以上。选择块状生石灰，操作时，将生石灰放入木质或塑料容器中，石灰量不超过容器的1/2，再兑水后静置，待大量热量正释放时立即泼洒。采用"点杀"式的方法，青苔多的地方加大剂量，少的地方减小剂量，没有青苔的地方不用泼洒。同时注意生产安全，做好手脚和面部防护，避免烧伤，如图6-6所示。

图6-6　人工点杀青苔

2. 清杂除野

　　在中稻收割后、稻田灌水之前，要对围沟内的敌害生物进行彻底清除。

　　围沟，每亩面积按水深1米用茶粕30千克加1千克食盐浸泡12小时后遍洒。或者用鱼藤酮，每亩每米水深用2.5%鱼藤酮乳油1300毫升或7.5%鱼藤酮乳油700毫升。

对敌害还要坚持常年防控。稻田中的肉食性鱼类（如乌鳢、黄鳝、鲶鱼等）、老鼠、水蛇、蛙类及各种鸟类及水禽等均能捕食小龙虾。为防止这些敌害动物进入稻田，要求采取措施加以防备，如对肉食性鱼类，可在进水过程中用密网拦滤，将其拒于稻田之外；对鼠类，应在稻田埂上多设些鼠夹、鼠笼加以捕猎或投放鼠药加以毒杀；对蛙类，有效办法是在夜间加以捕捉；对鸟类、水禽等，主要办法是进行驱赶。

3. 生态防控

通过栽种水草，定期换水，定期泼洒光合细菌、芽孢杆菌、EM 菌等有益微生物等方式调节水质，营造好的生态环境，保持水质"肥、活、嫩、爽"，增强小龙虾的免疫力和抵抗力，从而减少病害发生。

4. 生物防控

合理搭配鳖、龟等动物捕食病虾和死虾，清除传染源，切断传播途径，可以降低发病率。

5. 药物防控

坚持"无病先防、有病早治、以防为主、防治结合"的原则，3 月中旬结合杀青苔，使用生石灰进行防控。4 月，每 10~15 天使用二氧化氯或聚维酮碘全池遍洒 1 次。5 月每 10 天左右，使用聚维酮碘全池遍洒 1 次。当发生细菌、病毒等病害时，连续泼洒聚维酮碘 2~3 次，每天 1 次，或者隔天进行。具体的用法用量请按药品说明书进行。

第四节　水稻栽培

一、水稻品种选择

养虾稻田一般只种一季中稻，水稻品种要选择叶片开张角度小，抗病虫害、抗倒伏且耐肥性强的紧穗型品种。

二、稻田整理

稻田整理时，田间还存有大量小龙虾，为保证小龙虾不受影响，建议一是采用稻田免耕抛秧技术，所谓"免耕"，是指水稻移植前稻田不经任何翻耕犁耙；二是采取围埂办法，即在靠近虾沟的田面，围上一周高 30 厘米，宽 20 厘米的土埂，将围沟和田面分隔开，以利于田面整理，还可以在围沟中移植一些水草团并用竹竿进行固定，弥补因稻田整理而带来的暂时性水草不足，如图 6-7 所示。要求整田时间尽可能短，以免沟中小龙虾因长时间密度过大而造成不必要的损失。

图 6-7　虾稻共作围沟

三、施足基肥

对于养虾一年以上的稻田，由于稻田中已存有大量稻草和小龙虾，腐烂后的稻草和小龙虾的粪便为水稻提供了足量的有机肥源，一般无须施肥。而对于第一年养虾的稻田，可以在插秧前的 10 ~ 15 天，每亩施用农家肥 200 ~ 300 千克，尿素 10 ~ 15 千克，均匀撒在田面并用机器翻耕耙匀。

四、秧苗移植

秧苗一般在 6 月中旬开始移植，采取浅水栽插，条栽与边行密植相结合的方法，养虾稻田宜推迟 10 天左右。无论是采用直播法还是常规栽秧法，都要充分发挥宽行稀植和边坡优势技术，移植密度以 30 厘米×15 厘米为宜，以确保小龙虾生活环境通风透气。

第五节　稻田管理

一、水位控制

稻田水位控制的基本原则是平时水沿堤，晒田水位低，虾沟为保障，确保不伤虾，种、养用水相互兼顾。具体做法是，当年 3 月，为提高稻田内水温，促使小龙虾尽早出洞觅食，稻田水位一般控制在 30 厘米左右；4 月中旬以后，稻田水温已基本稳定在 20℃ 以上，为使稻田内水温

第六章

始终稳定在20~30℃，以利于小龙虾生长，避免提前硬壳老化，稻田水位应逐渐提高至50~60厘米；越冬期前的10~11月，稻田水位以控制在30厘米左右为宜，这样既能够让稻蔸露出水面10厘米左右，使部分稻蔸再生，又可避免因稻蔸全部淹没水下，导致稻田水质过肥缺氧而影响小龙虾的生长；越冬期间，要适当提高水位进行保温，一般控制在40~50厘米。

二、合理施肥

为促进水稻稳定生长，保持中期不脱力，后期不早衰，群体易控制，在发现水稻脱肥时，建议施用既能促进水稻生长，降低水稻病虫害，又不会对小龙虾产生有害影响的生物复合肥（具体施用量参照生物复合肥使用说明）。其施肥方法是：先排浅田水，让虾集中到围沟中再施肥，这样有助于肥料迅速沉淀于底泥并被田泥和禾苗吸收，随即加深田水至正常深度；也可采取少量多次、分片撒肥或根外施肥的方法。严禁使用对小龙虾有害的化肥，如氨水和碳酸氢铵等。

三、科学晒田

水稻分蘖盛期以后到幼穗分化前的排水晒田，能够促进水稻根系发育、抑制茎叶徒长、控制无效分蘖，是一项高产栽培技术措施。晒田的总体要求是轻晒或短期晒，即晒田时，使田块中间不陷脚，田边表土不裂缝和发白。田晒好后，应及时恢复原水位，尽可能不要晒得太久，以免围沟里的小龙虾因长时间密度过大而产生不利影响，如图6-8所示。

图6-8 科学晒田

四、病虫害防治

采用物理方法防治时，每40亩安装一盏杀虫灯诱杀成虫。采用生物方法防治时，利用害虫的天敌和性诱剂诱杀成虫，使用生物农药防治螟虫。另外，还要做好稻曲病的防治。

五、水稻收割

将稻田的水位快速下降到田面以上5~10厘米，接下来缓慢排水，使小龙虾进入围沟和田间沟。水位的下降会引起部分小龙虾掘洞。最后保持围沟水位在60~80厘米，即可收割水稻，并留足稻茬高度。

第六节 收获与效益

一、成虾捕捞

1. 捕捞时间

第一季捕捞时间从4月中旬开始，到5月底结束，随即开始整田插秧。第二季捕捞时间从8月上旬开始，到9月底结束，随即开始收割稻谷。如果生产虾苗，就要从3月中旬开始捕捞。

2. 捕捞工具

捕捞工具主要是地笼。地笼网眼规格应为3~4厘米，保证成虾被捕捞，幼虾能顺利通过网眼。成虾规格宜控制在25克/尾以上。现在市场上已普遍采用双层囊兜地笼，内层是大网目，体重30克以下的个体能够顺利通过大网目囊兜，进入外层囊兜，内层装成虾，外层装幼虾。当不需要收获虾苗时，外层囊网可以敞开，虾苗可以自由穿梭，不会造成任何伤害，如图6-9所示。目前市场上又出现了几款新式地笼，就是在地笼的囊兜部分安装了几个不同网眼尺寸的环节，如1.8厘米（捕捞个体重2.5克的虾苗）、2.0厘米（个体重5克的虾苗）、4.0厘米（个体重25克）、4.5厘米（个体重30克），通过伸缩控制，就可决定小龙虾的起捕规格，如图6-10所示。

3. 捕捞方法

虾稻共作模式中，成虾捕捞时间至为关键，为延长小龙虾生长时间，提高规格，一般要求达到最佳规格后开始起捕。起捕方法：采用孔径为3.0~4.0厘米的大网口地笼进行捕捞。开始捕捞时，无须排水，直接将虾笼布放于稻田及虾沟内，隔几天转换一个地方。当捕获量渐少时，可将稻田中的水排出，使小龙虾落入虾沟中，再集中于虾沟中放笼，直至

图6-9　双层囊兜地笼

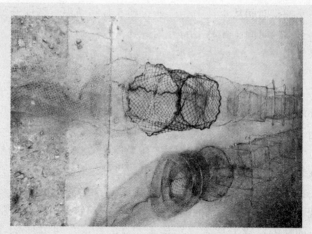

图6-10　三种网目尺寸可调地笼

捕不到商品小龙虾为止。第一季捕捞期应安排捕捞间歇2次，每次10天左右。第二期捕捞只在虾沟中进行。

二、幼虾补投

第一茬捕捞完后，根据稻田中存留幼虾的数量，每亩补放3~4厘米幼虾1000尾左右。幼虾来源有2种途径：

（1）就地取材　从周边虾稻连作稻田或湖泊、沟渠中收集虾苗。

（2）外地选购与运输 在没有发生过疫病的虾苗基地选购，将挑选好的幼虾装入塑料虾筐，每筐容量为 5~8 千克，在筐上面覆盖一层水草，保持潮湿，避免太阳直晒，运输时间控制在 4 小时内，虾苗离水时间越短，成活率越高。气温超过 25℃时，需要用冷链车运输，操作要格外细心。

幼虾补投

三、亲虾留田

亲虾留田有以下 2 种方式：

1）对于已经养过小龙虾的稻田，根据往年的经验来确定如何留亲虾。由于稻谷收割之前需要排水晒田，此时有部分小龙虾会因排水的原因而进入围沟中，还有部分小龙虾在稻田中掘洞，在洞中的小龙虾即可作为第二年繁殖的种虾保存下来，围沟中的成虾可以全部起捕销售。

2）对于第一年新建成的虾稻田，在当年的 8~9 月成虾捕捞期间，前期是捕大留小，把成品虾捕捞上市，幼虾留田继续投喂；后期应捕小留大，把较小个体的小龙虾作为虾种出售或作为库虾出售（冷库速冻待加工成虾仁）。成品虾作为种虾留在稻田里，为下一年繁殖的亲虾。要求种虾存田量每亩不少于 15~20 千克。

虾稻共作模式，小龙虾养殖两季，所以产量比虾稻连作模式要高出1 倍，一般每亩可收获成虾 150~200 千克，虾苗 30~50 千克，小龙虾单项收入在 4000~6000 元。

第七章 虾鳖稻综合种养

　　虾鳖稻综合种养是在虾稻共作基础上发展起来的，鳖是主养对象，小龙虾是配养对象。鳖是肉食性动物，习惯于水底生活。小龙虾是杂食性动物，白天多隐藏在水中较深处或隐蔽物中，很少出来活动，傍晚太阳下山后开始活跃起来，多聚集在浅水边爬行觅食。虾鳖混养就是利用它们在食物上和空间上的互补性，使有限的水体资源发挥最大的生产潜力。养鳖对养小龙虾和水稻的有益作用表现在以下几点：

　　1. 鳖对水体有增氧作用

　　鳖是爬行动物，用肺呼吸，必须经常浮到水面上伸出头部进行呼吸。它从水底到水面的往返运动增强了上下水层的垂直循环，使表层的过饱和溶氧扩散到底层，弥补了水中溶氧量的不足。同时，底层的废气也由于鳖在底层爬行或上下运动而被带到水面逸出，减少了有毒气体的危害。

　　2. 净化水质

　　鳖在水底层活动，能加速池底淤泥中有机物的分解，使水质变肥，既起到降低有机物耗氧和缓解水质恶化的作用，又有利于小龙虾生长。

　　3. 提高了饲料利用率

　　在鳖饲养过程中，一些有机废弃物，如残余饲料、粪便沉入池底，会污染水质。在混养条件下，小龙虾不仅可直接摄食这些残饵和粪便，而且这些有机物还能为水体施肥，使浮游生物和底栖动物大量繁殖，也间接为鳖和小龙虾提供了鲜活饵料。

　　4. 减少了虾鳖病

　　小龙虾与鳖混养后，一些得病虾和死虾成了鳖的饵料，有效阻止了病原体的扩散和传播，切断了虾病的根源。所以，养鳖稻田中的小龙虾个大、膘肥、产量高，市场价格好。

误区

　　人们认为鳖会残食小龙虾，尤其小龙虾在蜕壳期间，易遭侵袭。而事实上，小龙虾是跳跃式行走的，鳖是守株待兔式的猎取食物，健康的小龙虾蜕壳 5~15 分钟后即可行走，另有水草的遮掩，鳖是很难捕食到的，实践证明，鳖虾混养是成功的。

第一节　稻田准备

　　养虾鳖稻田的环境条件与虾稻共作基本相同，所需改进的主要有以下几点：

一、建立鳖虾防逃设施

　　防逃设施可使用网片、石棉瓦、硬质钙塑板或铝板等材料建造。其设置方法是，将石棉瓦或硬质钙塑板埋入田埂泥土中 20~30 厘米，露出地面 50~60 厘米，然后每隔 80~100 厘米处用一个木桩或钢筋棍固定。稻田四角转弯处的防逃墙要做成弧形（图 7-1），以防止鳖沿夹角攀爬外逃。在防逃墙外侧约 50 厘米处用高 1.2~1.5 米的密眼网布围住稻田四周，主要的作用是防盗，还可以起到第二次防止鳖外逃的作用。

经验

　　在稻田防逃墙内侧安置"丁"字形隔离板，鳖在夜间有沿池边爬行游玩的习性，可持续到白天数小时，造成体表受伤，体质下降，萎瘪致病。通过隔离板，迫使鳖回头进入水中栖息，减少体力消耗。

二、完善进、排水系统

　　稻田应建有完善的进、排水系统，以保证稻田旱不干、雨不涝。进、排水系统建设要结合开挖围沟综合考虑，进水口和排水口必须对角设置。进水口建在田埂上；排水口建在沟渠最低处，由 PVC 弯管控制水位，要求能排干所有的水。同时，进、排水口要用铁丝网或栅栏围住，以防逃逸。也可在进、排水管上套上防逃筒，防逃筒用钢管焊成，以最

第七章

图 7-1　弧形防逃墙

小的鳖不能自由穿过为标准，在钢管上钻若干个排水孔，使用时套在进、排水管上即可。

三、搭建晒背台和饵料台

晒背是鳖生长过程中的一种特殊生理要求，既可提高鳖的体温以促进生长，又可利用太阳紫外线杀灭体表病原，提高鳖的抗病力和成活率。晒背台和饵料台可以合二为一，具体做法是：在田间沟中每隔 10 米左右设 1 个饵料台，宽 0.5 米，长 2.0 米，饵料台长边一端在埂上，另一端倾斜入水中 10 厘米左右，饵料投放在饵料台近水端，不可浸入水中。晒背台和饵料台合二为一，如图 7-2 所示。

四、田间沟消毒

按照鳖稻共生养殖要求开挖围沟，沟宽 4~6 米，沟深 1.2~1.5 米，沟底宽 1.2~1.5 米，坡比为 1:1.5。对于面积超过 50 亩的稻田，还需要开挖"十"字形沟或"井"字形田间沟。稻田虾沟的面积占稻田面积的 8%~12%。单个田块面积小时需挖沟的相对面积就大，一般需要 40 亩作为一个养殖单元，这样虾沟的面积就不会超过 10%。

在虾种投放前 10~15 天，每亩沟用生石灰 100 千克带水进行消毒，以杀灭沟内敌害生物和致病菌，预防鳖、虾产生疾病。

图 7-2 稻田中晒背台和饵料台合二为一

五、移入水生动植物

田间沟消毒 3~5 天后，在沟内移栽轮叶黑藻、伊乐藻、雍菜、水花生等，种植面积占围沟面积的 25% 左右，既可为小龙虾提供食物，还可为虾和鳖提供嬉戏、遮阴和躲避的场所。

在虾种投放前后，田间沟内需投放一些有益生物，如螺、蚬和水蚯蚓等。投放时间一般在 4 月。每亩田间沟可投放螺、蚬 150~200 千克，既可净化水质，又能为小龙虾和鳖提供丰富的天然饵料。

第二节 水稻栽培及管理

一、水稻品种选择

养鳖稻田，选择种一季稻或两季稻均可。水稻茎秆坚硬、抗倒伏、抗病虫害、耐肥性强、米质优、可深灌、株型适中的高产优质紧穗型品种，尽可能减少在水稻生长期对稻田施肥和喷洒农药的次数，确保幼鳖在适宜的环境中健康生长。

二、稻田整理

在对稻田进行犁耙翻动土壤、清除杂草、固埂护坡时，田间还存有

大量的幼鳖，使用农具容易对幼鳖造成伤害。为保证幼鳖不受影响，建议：一是采用稻田免耕抛秧技术，所谓"免耕"，是指水稻移植前稻田不经任何翻耕犁耙直接播撒秧苗；二是采取围埂办法，即在靠近围沟的田面围上一周高30厘米、宽20厘米的土埂，将围沟和田面分隔开，以利于田面整理。整田时间尽可能短，以免沟中幼鳖因长时间密度过大、食物匮乏而造成病害和死亡。

三、基肥与追肥

稻田施肥的要求是重施基肥，轻施追肥，重施有机肥料，轻施化肥。对于养鳖一年以上的稻田，由于稻田中腐烂的稻草和鳖的粪便为水稻提供了足量的有机肥源，一般不需要施肥或少施肥。而对于第一年养鳖的稻田，可以在插秧前的10~15天，每亩施用农家肥200~300千克，尿素或复合肥10~15千克，均匀撒在田面并用农机具翻耕均匀。

为促进水稻健康生长，保持中期不脱肥，晚期不早衰，田块易控制，在发现水稻脱肥时，能及时施用既能促进水稻生长、降低水稻病虫害，又不会对鳖产生有害影响的生物肥料。其施肥方法是：先排浅田水，让虾、鳖、鱼集中到围沟中再施肥，这样有助于肥料迅速沉淀于底泥中并被田泥和禾苗吸收，随即加深田水至正常深度。也可采取少量多次、分片撒肥或根外施肥的方法进行追肥。严禁使用对鳖和虾有害的化肥，如氨水和碳酸氢铵等。

四、秧苗移栽

秧苗一般在6月中旬开始移栽，采取浅水栽插，宽窄行距交替的方式。无论采用抛秧法还是常规插秧法，都要发挥好宽行稀植和边坡优势，宽行行距为30~40厘米，窄行行距为15~20厘米，株距为18~20厘米，以确保幼鳖和虾生活环境通风透气和采光性能好。

五、水位控制

稻田水位控制要做到既方便晒田，又有利于鳖的生长，使鳖不至于因稻田缺水而受到伤害。具体方法是：在每年3月，稻田水位一般控制在30厘米左右，可以提高稻田水温，促使鳖尽早结束冬眠开口摄食；4月中旬以后，稻田水温已基本稳定在20℃以上，为使稻田内水温始终稳定在20~30℃，稻田水位应逐渐提升至50~60厘米；越冬期前的11~12月，稻田水位以控制在30厘米左右为宜，这样既能够让稻蔸露出水面10厘米左右，使部分稻蔸再生嫩芽，又可避免因稻蔸全部淹没水下腐烂，导致田水过肥缺氧而影响稻田中饵料生物的生长；12月底至第二年3月为鳖、虾的越冬期，要适当提高水位进行保温，一般控制在40~50厘米。

六、科学晒田

晒田是水稻栽培中的一项技术措施，又称烤田、搁田、落干，即通过排水和曝晒田块，抑制无效分蘖和基部节间伸长，促使茎秆粗壮、根系发达，从而调整稻苗长势，达到增强抗倒伏能力、提高结实率和粒重的目的。养鳖稻田晒田的总体要求是轻晒或短期晒，即晒田时，使田块中间不陷脚，田边表泥不裂缝发白。田晒好后，应及时恢复原水位，不可久晒，以免导致围沟的虾和鳖密度过大、淤积时间过长而造成危害。

水稻栽培与管理可参考虾稻共作部分内容。

第三节　苗种的投放与饲养

一、幼鳖投放

鳖的品种宜选择纯正的中华鳖，该品种生长快，抗病力强，品味佳，经济价值较高。要求选择规格整齐、体健无伤、不带病原的健康幼鳖投放，如图7-3所示。幼鳖放养前需经聚维酮碘或食盐消毒处理，如图7-4所示。幼鳖投放时间应由幼鳖来源而定。土池培育的幼鳖应在5月中下旬的晴天投放。温室培育的幼鳖应在秧苗栽插后的6月中下旬投放，这时稻田的水温可以稳定在25℃左右，对鳖的生长十分有利。

图7-3　健康幼鳖

图7-4　幼鳖消毒

第七章

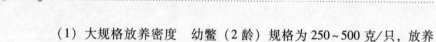

（1）大规格放养密度　幼鳖（2龄）规格为250~500克/只，放养密度为60~100只/亩。

（2）小规格放养密度　幼鳖（1龄）规格为100~150克/只，放养密度为100~150只/亩。

幼鳖必须雌雄分开养殖，这样可避免幼鳖之间撕咬打斗，自相残杀，以提高幼鳖的成活率。由于雄鳖比雌鳖生长速度快且售价更高，有条件的地方建议全部投放雄幼鳖。

二、虾种投放

虾种可以分两次进行投放。

第一次，稻田工程完工后投放虾苗，放养时间一般在3~4月，可投放从市场上直接收购或人工野外捕捉的幼虾，体长为3~5厘米（200~400尾/千克），投放密度为10~20千克/亩。虾种一方面可以作为鳖的鲜活饵料，另一方面在饵料充足的情况下，经过40~50天的饲养，虾种可以养成规格为25~40克/尾的商品虾进入市场销售，收入十分可观。

第二次，放种时间在8~10月，以投放抱卵虾为主，投放量为15~25千克/亩。抱卵虾经过3个月左右的饲养即可自由生活，或者进入冬眠期，第二年3~4月，稻田水温升高到16~20℃，轮虫、枝角类、桡足类、底栖动物迅速繁殖，虾种从越冬洞穴出来觅食，稻田的虾种得到补充。这种投放方式最为简单易行、经济实惠。

三、饵料投喂

1）鳖为偏肉食性的杂食性动物，为了提高鳖的品质，所投喂的饲料应以低价的鲜活鱼或加工厂、屠宰场下脚料为主。温室培育的幼鳖要进行10~15天的饵料驯食，驯食完成后即可减少配合饲料的投喂量，逐渐增加鲜活饵料的数量。幼鳖入池后7天即可开始投喂，日投喂量为鳖体总重量的5%~10%，每天投喂1~2次，一般以90分钟以内吃完为宜。鳖的体重可以根据放养的时间、成活率和抽样获得的生长数据推测整个田块的总重量。具体的投饵量视水温、天气、活饵等情况而定。

2）小龙虾以稻田里的浮游动植物和鳖、虾的残剩饵为食，不必专门投饵。

第四节　日常管理与收益

一、水稻虫害防治

对水稻危害最严重的是褐稻虱，其幼虫会大量蚕食水稻叶子。每年9月20日后是褐稻虱生长的高峰期，稻田里有了鳖、虾，只要将水稻田的水位提高10厘米，鳖、虾就会把褐稻虱幼虫作为饵料消灭，达到生物除虫、变害为宝、环保节约的目的。

值得借鉴的是，在稻田围沟中间，每间隔100处，安装频振诱虫灯（图7-5），对趋光性害虫进行诱杀，可以为虾和鳖提供营养丰富的天然饵料。有条件的地方，可以选择在稻田中央竖立高度在10米以上的水泥杆，安装较大功率的黑光灯，把较远距离的昆虫先引诱到田头，再由近水处的诱虫灯使之掉进水中，诱捕效率会大

图7-5　诱虫灯

大提高。据推测，仅此一项可节省饵料20%以上。

二、田块巡查和水质调控

经常检查养殖水产动物的吃食情况、查防逃设施、查水质等，做好稻田生态种养试验田与对照田的各种生产记录。

根据水稻不同生长期对水位的要求，控制好稻田水位，并做好田间沟的水质调控。适时加注新水，每次注水前后水的温差不能超过4℃，以免鳖感冒致病、死亡。高温季节，在不影响水稻生长的情况下，可适当加深稻田水位，可以起到保温和促进鳖生长的作用。

三、收获与效益

当水温降至18℃以下时，可以停止饲料投喂。一般到11月中旬以后，可以将鳖捕捞上市销售。收获稻田里的鳖通常采用干塘法，即先将稻田的水排干，等到夜间稻田里的鳖自动从淤泥中爬出来，这时可以用灯光照射。鳖遇强光照眼会静止不动，这时是徒手捕捉的好机会。最好的

第七章

办法是，用木制或铁制的探鳖耙捕捉。探鳖耙是在耙的横杆上安装 8 根 30 厘米长的耙齿。耙齿深入泥中与泥中的物体发生碰撞发出声音，通过声音感知鳖的存在和鳖的大小，然后徒手捕捉或用手抄网捕起，如图 7-6 所示。平时有亟须成鳖时，可沿稻田埂边巡查，当鳖受惊潜入水底后，水面会冒出气泡，跟着气泡的位置潜摸，即可捕捉到鳖。

图 7-6　不锈钢探鳖耙

3~4 月放养的幼虾，经过 1~2 个月的饲养，就有一部分小龙虾的体重达到 30 克以上，可将其捕捞上市，而未达到规格的继续留在稻田内饲养，通过逐步降低稻田小龙虾的密度促进小规格的小龙虾快速生长。捕捞小龙虾的方法很多，可用虾笼、地笼网、手抄网等工具捕捞，还可用钓竿钓捕或用拉网拉捕。

一般情况下，每亩稻田可收获个体重 1 千克以上的大规格鳖 100 千克，以及大规格小龙虾 80~150 千克，每亩增收 10000 元，纯利在 6000 元以上。

第七章

第八章 虾蟹稻综合种养

虾蟹稻综合种养是虾稻共作的一种拓展模式，其养殖环境条件与虾稻共作相同。小龙虾与河蟹（中华绒螯蟹的俗称）生活习性和养殖条件基本相同，但生长旺季不同，小龙虾主要生长时间为3~5月，而河蟹的生长旺季在5~10月。错峰饲养，相互影响小，是稻田提质增收的好方式，如图8-1所示。

图8-1　稻田养小龙虾和河蟹

第一节　稻田准备与苗种放养

养殖小龙虾和河蟹的稻田环境条件与前面所述的虾稻共作相同，可参照进行。

一、养殖设施

小龙虾和河蟹的逃逸能力较强,必须建好防逃设施,通常用缝有塑料薄膜的网片沿池埂四周用竹(木)桩支撑围起防逃。

二、放养前准备

1. 彻底清池消毒

在蟹苗和虾苗放养前 10~15 天,排干稻田围沟中的积水,清除过多淤泥,整修池埂,用生石灰(25 千克/亩)或漂白粉(2 千克/亩)彻底清沟消毒。

2. 施足基肥

每亩施腐熟畜禽粪肥 200 千克,培育轮虫和枝角类、桡足类浮游动物,为虾苗提供适口饵料。

3. 栽好水生植物

池内栽轮叶黑藻、马来眼子菜、伊乐藻等水生植物,栽种面积占围沟面积的 2/3,为河蟹和小龙虾提供栖息、蜕壳、隐蔽场所。

三、蟹苗放养

选用在土池生态环境繁育的中华绒螯蟹蟹种,在 2~3 月采取在稻田围沟中小面积圈养的方法,每个围栏网圈的面积为 100~200 米²,可以为 5~10 亩稻田提供暂养的蟹种。投放规格为 120~200 只/千克的扣蟹,放养密度为每亩 160~200 只,按稻田面积计算好扣蟹数量,全部投放在围栏网圈中饲养。5 月初开始捕虾上市,为河蟹腾出稻田,6 月初捕捞完毕,再整田灌水插秧,待秧苗成活后即可撤除围栏网。经过 2 个多月饲养的蟹种已经长成规格为 80~100 只/千克的幼蟹,摄食能力都有很大提高,即可进入稻田散养。

对于蟹苗培育条件较好的养殖户,也可以在 5 月底、6 月初,用双层地笼或大网目的地笼将个体在 20 克以上的小龙虾全部捕捞上市,稻田中只留下小规格虾种,密度约为前期的 20%。接着整田插秧,待秧苗成活后,再直接向稻田投放幼蟹,规格为 80~100 只/千克,放养密度为每亩 120~160 只。

四、小龙虾放养

小龙虾放养分为投放种虾模式和投放幼虾模式两种。

1. 投放种虾模式

初次养殖时,在当年的 8 月底至 9 月初,往稻田的围沟和田间沟中

第八章

投放种虾，每亩投放 20~30 千克，再次养殖时每亩稻田投放 5~10 千克。

选择种虾要把握好以下几点：

1）颜色为暗红色或深红色，有光泽，体表光滑无附着物。

2）个体大，雌、雄个体重应在 30 克以上，雄性个体宜大于雌性个体。

3）雌、雄种虾应附肢齐全，无损伤，无病害，体格健壮，弹跳力和翻转力强。

种虾应从养殖场和天然水域挑选。挑选好的种虾用不同颜色的塑料虾筐按雌雄分装，每筐上面放一层水草，保持潮湿，避免太阳直射，运输时间不宜超过 8 小时。种虾投放前，围沟和田间沟中应移植 40%~60% 面积的漂浮植物供种虾攀附。种虾按雌、雄比为（2~3）∶1 投放。投放时将虾筐反复浸入水中 2~3 次，每次 1~2 分钟，使种虾适应水温，鳃部充分浸润，然后投放在围沟和田间沟中。

2. 投放幼虾模式

在首次养虾的稻田中，头一年末，按照虾稻共作的要求搞好稻田工程建设，消毒除野，移植水草，在第二年的 3~4 月投放幼虾，每亩投放规格为 2~3 厘米的幼虾 5000 尾左右。如果是续养稻田，可以根据查看得到的虾密度，在 6 月上旬插秧结束后再酌情补投幼虾，确保稻田中幼虾的密度合适，即每亩 4000~6000 尾。

第二节　饲养管理与收益

一、投喂

小龙虾食性杂，并且比较贪食。稚虾、幼虾阶段，以轮虫、枝角类、桡足类及水生昆虫幼体等为食，成虾阶段则兼食动物性饲料、植物性饲料。虾苗、虾种放养后，要适时追施肥料，培肥水质。在 8~10 月小龙虾快速生长阶段，多喂麸皮、豆饼及青绿饲料，适当喂给动物性饲料。11~12 月小龙虾越冬前，以投喂动物性饲料为主。

投喂饲料时要坚持每天上午、下午各投喂 1 次，以下午的投喂为主，占全天投喂量的 70%。采取定质、定量、定时投喂方法，喂足、喂匀，保证每尾小龙虾都能吃饱，避免因相互争食而打斗。

按天气、水质变化和小龙虾活动摄食情况合理投喂。小龙虾生长的适宜水温为 20~32℃。在 8~10 月小龙虾摄食量大，日投喂量是池虾体重的 6%～10%，干饲料或配合饲料是小龙虾体重的 2%～4%。连续阴雨天气或水质过浓时，可以少投，天气晴好时适当多投；大批小龙虾蜕壳时少投，蜕壳后多投；小龙虾发病季节少投，生长正常时多投。既要让小龙虾吃饱吃好，又要减少浪费，提高饲料的利用率。

二、日常管理

1）每天巡池，发现异常及时采取对策，并做好记录。

2）调控水质，保持虾池溶氧量在 5 克/升以上，pH 为 7～8.5，透明度在 40 厘米左右。每 15～20 天换 1 次水，每次换水 1/3。保持水位稳定，不能忽高忽低。

3）保持水生植物的多样性，大批虾蜕壳时严禁干扰，蜕壳后立即增喂优质适口的饲料，防止小龙虾相互残杀，促进生长。

4）汛期加强检查，严防小龙虾、蟹种苗外逃，尤其要防范老鼠、青蛙和鸟类等敌害侵袭。

5）做好疾病预防，稻田养蟹和小龙虾，由于生态环境好，一般很少生病，但仍要"以防为主"。在蟹种和种虾放养时，用 3%～5%食盐水浸浴 10 分钟，杀灭寄生虫和致病菌。生长期间每 10～15 天进行 1 次补钙和改底，调节水质，增加生物种群，这样可以生产出个大、色靓、味美的精品小龙虾和蟹，如图 8-2 所示。

图 8-2　稻田养殖的黄金大闸蟹

三、收获与效益

虾蟹综合种养,每年有两个捕捞季,第一季在 5~6 月主要捕捞小龙虾,第二季在 11~12 月主要捕捞河蟹和小龙虾。6 月底以前,每亩稻田即可捕捞成虾 150 千克以上,纯收入在 3000 元左右。第二个捕捞季是在当年底水稻收割后,放浅稻田围沟水,用地笼捕捞,将河蟹全部捕起上市;捕捞部分小龙虾,留足第二年的种虾,然后稻田灌水淹青,让种虾在稻田中越冬。每亩可收获水稻 500 千克。第二个捕捞季节每亩可以捕捞规格为 150 克/只以上的河蟹 20~30 千克、个体在 35 克以上的小龙虾 30 千克,尤其是这个季节的小龙虾市场奇缺,每千克的价格在 80 元以上。

可以看出,虾蟹稻田综合养殖,小龙虾两季总收入约 5000 元/亩,河蟹总收入 1500 元/亩,两项合计收入 6500 元/亩,再加上水稻产量约 500 千克,每亩稻田三项总收入在 7500 元左右,效益十分可观,值得推广。

第八章

第九章 池塘养殖小龙虾

池塘与稻田养虾协同作用

一、稻田育虾苗

生产实践表明，稻田的天然生态环境最适合小龙虾的自然繁殖和苗种培育。一方面，稻蔸（秸秆）在冬季和早春低温季节为小龙虾繁殖和幼虾提供充足的隐蔽、栖息场所；另一方面，稻蔸经过水的浸泡后逐渐腐烂，可以为稻田提供肥料来源。稻田的浅水环境有利于轮虫、枝角类、水生寡毛类动物的生长，这些都是小龙虾苗种的适口饵料。每年3~5月，稻田中的虾苗可以集中捕捞出售，仅留少许虾苗（每亩10~20千克）作为第二年繁殖的种虾留在稻田中继续饲养。在一般情况下，每亩稻田可生产规格为160~240尾/千克的虾苗100千克以上，高产稻田可以达到亩产300千克，经济效益在3000元以上。

稻田适合育虾苗而不宜养成虾的原因是：稻田的浅水环境，在5~8月，气温高，水温也高，往往会超过32℃，高温会使小龙虾快速性成熟，颜色很快变成红褐色，而体重增长慢，一般仅为10~20克，是正常体重的一半，很难再生长，这就形成了通常所说的"铁壳虾"，俗称"钢虾"。稻田育虾苗适宜在春末夏初捕捞结束，避开高温季节，有利于虾苗的成活与生长。

二、池塘养大虾

池塘与稻田具有互补性，所处的优势不同。池塘水深坡陡，小龙虾掘洞难度大，还会导致洞穴塌陷，洞穴数量少。小龙虾种虾交配、抱卵、孵化通常在洞穴中完成，洞穴的多少是虾苗产量多少的显著标志，洞穴多就预示第二年虾苗多。池塘中的洞穴会比稻田中的显著减少，所以虾苗产量就低。

把稻田中繁育的虾苗捕获后投放到池塘中，在池塘深水和水草丰富的环境中，水温适宜，通过投喂人工饲料，只需 30 天左右即可达到 30 克/尾以上的商品虾，在轮捕轮放的增产措施下，每亩产量可以达到 300 千克以上，效益超过万元。

三、池塘与稻田协同效应

池塘与稻田养小龙虾具有不同优势，它们的协同作用克服了稻田养大虾的困难，弥补了池塘育虾苗的不足。生产实践表明，水稻收割后留下的稻苑是最好的育虾苗环境（图 9-1），尤其是在池塘周围按其面积的 1/10 配置育苗稻田，能够减少虾苗运输和离水时间，操作更加快捷，虾苗成活率更高。所以，稻田专门繁育虾苗，池塘专门养大虾，做到资源互补，实现效益翻番是显而易见的。例如，湖北鄂州泽林镇万亩湖小龙虾良

图 9-1　稻田育虾苗

种场，平均每亩产虾苗 150 千克，增收 3000 元以上，成为全国稻田育苗的经典案例。

第二节　池塘准备

一、清塘改造

误区

由于小龙虾经常在浅水处活动，因此在养殖户中流传着"深水养鱼，浅水养虾"的说法。而实践证明，池塘浅水养虾产量低，个体小，壳厚，经济效益差甚至严重亏损，所以同样需要深水养大虾。

1. 池塘修整

饲养小龙虾的池塘要求水源充足、水质良好，进、排水方便，池埂面宽2米以上，坡比为1:3，面积以5~10亩为宜，水深1.5~2.0米，长方形，南北朝向可以更好利用夏季东南风对池水的增氧作用。进、排水分开，分别设置在池塘对角或对边，进水口以60目的聚乙烯网片长袋罩住过滤，防治野杂鱼进入，排水口用20目的网片围栏，防止小龙虾逃逸。新开挖的池塘和旧池塘要视情况加以平整塘底、清除淤泥和晒塘，使池底和池壁有良好的保水性能，减少池水的渗漏，如图9-2所示。

图9-2 池塘修整

小龙虾为攀附性节肢动物，决定其产量的不是池塘水体的容积，而是池塘的水平面积和池塘堤岸的曲折度，即相同面积的池塘，水体中水平面积越大，堤岸越平缓，则可放养小龙虾的数量越多，产量也就越高。

2. 清塘消毒

池塘一年清理暴晒1次，晒塘时间可选择在7~8月的夏季，也可在当年年底的冬季。商品虾收获后，排干池水，清除池底过多的淤泥，保持淤泥厚度在10厘米左右。修整池埂，清塘消毒。杀灭池中敌害生物，如鲶鱼、乌鳢、蛇、鼠等；清除争食的野杂鱼类，如鲤鱼、鲫鱼，以及致病微生物。常用的方法主要有：

（1）生石灰消毒 生石灰消毒有干法消毒和带水消毒两种。

1）干法消毒法。每亩用生石灰50~80千克，化浆后全池泼洒，经3~5天晒塘后再加入新水。

2）带水消毒法。每亩水面以水深 1 米计算，用生石灰 100~150 千克溶于水中后，全池均匀泼洒。1 周后石灰毒性消失，即可灌水放苗。

（2）漂白粉消毒　先将养殖池灌水 10~30 厘米，再将漂白粉用水完全溶化后，全池均匀泼洒，用量为每亩 10~15 千克（含有效氯 30%）。如果改用漂白精，则用量减半。

（3）茶饼消毒　对于养过几年小龙虾的老塘口，野杂鱼较多，适宜用茶饼消毒。茶饼中的有效成分是皂角素（皂甙），对野杂鱼、蛙类、蛇等脊椎动物毒性大，而对小龙虾、水蚤等节肢动物无毒无害，可以保护虾苗。使用方法是：每亩水面用茶饼 20~30 千克，加上食盐 1 千克，用水浸泡 24 小时后全池泼洒，既可以消除敌害，还可以作为有机肥料，一举两得。

如果是水泥池消毒，使用消毒剂后，用清水冲洗干净才可使用。

二、水源水质

一般取用河水、湖水、深井水均可，水源要充足，水质要清新无污染，符合国家颁布的渔业用水或无公害食品淡水养殖用水水质标准。

三、水草种植

提示

種植水草以轮叶黑藻、苴草、伊乐藻和金鱼藻为主，这些都是小龙虾喜食的水草，在投饲不足的情况下，水草就被小龙虾夹断漂浮在水面上，很快又会长出新芽来。人们可以通过投饲量来控制水草丰歉和长势。水花生主要为小龙虾提供栖息场所。

俗话说："虾多少，看水草"。水草是小龙虾在天然环境下主要的饵料来源和栖息、隐蔽、活动场所。在池塘里模拟天然水域生态环境，形成水草种群，可以显著提高小龙虾的成活率。移栽水草的目的在于利用它们吸收部分残饵、粪便等分解时产生的养分，起到净化池塘水质的作用，以保持水体有较高的溶氧量。在池塘中，水草可遮挡部分盛夏炎炎烈日，调节水温。同时，水草也是小龙虾的新鲜饵料，在小龙虾蜕壳时，水草还是很好的攀附隐蔽场所。在小龙虾的生长过程中，水草又是其在水中上下攀爬、嬉戏、栖息的理想场所，尤其是对于水域较深的池塘，应把水草聚集成团并用竹竿或树干固定，每亩设置单个面积为 1~2 米^{2}的草团 20 个，可以大大增加小龙虾的活动空间，这是提高小龙虾产量的

重要措施,如图9-3所示。

水草的栽培要根据池塘准备情况、水草发育阶段因地制宜地进行,以确保在不同的季节池塘都能保持一定数量的水草。可以种植的有水花生、苦草、轮叶黑藻、伊乐藻、马来眼子菜、金鱼藻、菹草、狐尾草、凤眼莲等。水草栽培不宜过密,以占池塘面积40%~60%为宜,水草过多,在夜间易使水中缺氧,反而会引起小龙虾上岸、爬草和出现应急反应。水草主要移栽在池塘四周浅水区域。

图9-3　小龙虾栖息的人工草团

1. 轮叶黑藻

轮叶黑藻俗称"温丝草""灯笼泡""转转薇"等,为多年生沉水植物,茎直立细长,叶呈带状披针形,4~8片轮生。叶缘具小锯齿,叶无柄。轮叶黑藻是一种优质水草,自然水域分布非常广,尤其在湖泊中往往是优质种群,营养价值较高,是小龙虾喜欢摄食的品种,如图9-4所示。

轮叶黑藻可在4月中下旬进行移栽,将轮叶黑藻的茎切成段栽插,每亩需要鲜草25~30千克,6~8月为其生长茂盛期。轮叶黑藻栽种一次之后,可每年自然生长,用生石灰或茶饼清池对它的生长也无妨碍。轮叶黑藻是随水位向上生长的,水位的高低对轮叶黑藻的生长起着重要的作用,因此池塘中要保持一定的水位。但是池塘水位不可一次加足,要

图9-4　轮叶黑藻

根据植株的生长情况循序渐进，分次注入，否则水位较高，影响光照强度，从而影响植株生长，甚至导致死亡。池塘水质要保持清新，忌混浊水和肥水。

2. 菹草

菹草又称虾藻、虾草，为多年生沉水植物，具近圆柱形的根茎，茎稍扁，多分枝，近基部常匍匐于地面，于结节处生出疏或稍密的须根。叶呈条形，无柄，先端钝圆，叶缘多呈浅波状，具疏或稍密的细锯齿，如图9-5所示。菹草的生命周期与多数水生植物不同，它在秋季发芽，冬、春季生长，4~5月开花结果，6月后逐渐衰退腐烂，同时形成鳞枝（冬芽）以度过不适环境。鳞枝坚硬，边缘具有齿，形如松果，在水温适宜时开始萌发生长。栽培时可以将植物体用软泥裹成垞状再投入池塘，也可将植物体切成小段栽插。

3. 伊乐藻

伊乐藻是一种优质、速生、高产的沉水植物，如图9-6所示。藻茎可长达2米，具分枝；叶片呈卵形且无柄，4~8枚轮生、披针状排列。雌雄异株，雄花单生叶腋，着生于一对扇形苞片内，苞片外缘有刺；雌花也单生叶腋，具筒状膜质苞片。实践证明，伊乐藻是最适合小龙虾养殖的水草品种。

图9-5　菹草

图9-6　伊乐藻

（1）栽前准备　首先是池塘清整。在冬季，于小龙虾捕捞结束后排水干池，每亩用生石灰200千克化水全池泼洒，清除敌害，并让池底充

分冻晒。

其次是注水施肥。栽培前5~7天注水0.3米左右深，进水口用40目筛绢进行过滤。并且根据池塘底泥的情况，每亩施腐熟粪肥300千克左右。

（2）水草移栽　当年12月初至第二年1月底进行水草移栽。栽培方法如下：

1）沉栽法。每亩用10千克左右的伊乐藻种株。将种株切成15~20厘米长的草段，每10~20段为一束，在每束种株的基部沾上淤泥，撒播于池中。

2）插栽法。每亩用同样数量的伊乐藻种株，切成同样的段与束，按8.0米×12.0米的株行距进行人工插栽。

（3）栽后管理　按"春浅、夏满、秋适中"的方法进行水位调节。每年4~9月，伊乐藻生长旺季及时追施有机肥料或复合肥，用量为每亩2~3千克。对于生长过于茂盛，露出水面的伊乐藻要及时使用专用割草机或人工刈割，生产上叫"打头"，否则，藻体漂浮于水面，光合作用会加强，而其根部营养物质输送受限，会引起大面积水草死亡，并败坏水质，难以修复。

对露出水面的水草进行"打头"

4. 水花生

水花生又称喜旱莲子草、革命草，为挺水类植物。因其叶与花生叶相似而得名，如图9-7所示。茎长可达1.5~2.5米，其基部在水中匍生蔓延，形成纵横交错的水下茎，其水下茎节上的须根能吸取水中营养盐类而生长。水花生适应性极强，喜湿耐寒，能自然越冬，气温上升至10℃时即可萌芽生长，最适生长温度为22~32℃。5℃以下时水上部

图9-7　水花生

分枯萎，但水下茎仍能保留在水下不萎缩。水花生具有药食同源之功效，含黄酮甙、三萜皂甙、有机酸等成分，清热解毒，可预防虾病。小龙虾喜欢在水花生里栖息，摄食水花生的细嫩根须，躲避敌害，安全蜕壳。

5. 凤眼莲

凤眼莲为多年生草本植物，如图9-8所示。因它浮于水面，并且在根与叶之间有一个葫芦状气泡，故又称其为水浮莲、水葫芦。凤眼莲的茎叶悬垂于水上，蘖枝匍匐于水面。花呈多棱喇叭状，花色艳丽美观，叶色翠绿偏深。叶全缘，光滑有质感。须根发达，分蘖繁殖快。在6~7月，将健壮的、株高偏低的种苗进行移栽。凤眼莲喜欢在向阳、平静的水面，或

图9-8　凤眼莲

者潮湿肥沃的土壤里生长，其宽阔厚实的叶面能抵挡强光，根部保湿性强，是虾洞保湿的特殊物种。凤眼莲在日照时间长、温度高的条件下生长较快，受冰冻后叶茎枯黄。每年4月底至5月初在历年的老根上发芽，至年底霜冻后休眠。

四、进水施肥

向清整过的池塘注入新水，并用20~40目纱布网箱或网袋过滤（图9-9），防止野杂鱼及鱼卵随水流进入饲养池中。同时，施肥培育浮游生物，为虾苗入池后直接提供天然饵料。选用有机肥料，如施发酵过的牲畜粪肥。施用量为每亩300千克左右，使池水有一定的肥度。在虾苗放养前及放养的初期，池水水位较浅，水质较肥；在饲养的中后期，随着水位加深，要逐步增加施肥量。具体要视水色和放养小龙虾的情况而定，保持池水透明度在30~40厘米。

图9-9　过滤网袋

第三节　虾苗投放

一、投放幼虾养殖模式

1. 养殖类型

投放幼虾养殖模式又分为单养、鱼虾混养、鱼虾蟹混养等几类，见表9-1。

表9-1　投放幼虾养殖模式

放养模式	放养品种	投放时间	规格	放养密度
单养	虾苗	3~4月	200尾/千克	6000~8000尾/亩
		8~9月	160尾/千克	4000~6000尾/亩
鱼虾混养	虾苗	4~5月	4厘米	8000~10000尾/亩
		8~9月	5厘米	3000~5000尾/亩
	鲢夏花鱼种	6~7月	3~4厘米	3000条/亩
	鳙夏花鱼种	6~7月	3~4厘米	2000条/亩
鱼虾蟹混养	虾苗	4~5月	200尾/千克	4000~5000尾/亩
		9~10月	160尾/千克	4000~5000尾/亩

（续）

放养模式	放养品种	投放时间	规格	放养密度
鱼虾蟹混养	鲢夏花鱼种	6~7月	3~4厘米	3000条/亩
	鳙夏花鱼种	6~7月	3~4厘米	1000条/亩
	扣蟹	3月	100~200只/千克	300~500只/亩

　　小龙虾与常规鱼种混养，有人担心，鱼种会摄食小龙虾。事实上，通过错开小龙虾的生长期，当小龙虾个体已经比较大时，抵御敌害的能力已具备，这个时候投放的鲢夏花鱼种和鳙夏花鱼种，擅长摄食浮游动物和浮游植物，而小龙虾大多在水草中生活，鱼、虾领地不同，它们会相安无事。只是不可投放鲤鱼、鲫鱼和凶猛性鱼种。

2. 幼虾质量

　　幼虾主要来自稻田繁育，稻田养虾与池塘养虾相互协同。总的要求是：幼虾规格整齐，体质健壮，色泽光亮，附肢齐全，无病无伤，活动力强。

　　幼虾也可以从市场购买，只是需要经过动物检疫部门检疫合格方可选用。

　　历年多发疫病地域的幼虾往往会引起多个池塘全军覆灭，严重危害养殖生产，所以进幼虾之前应做好疫情调查。

3. 幼虾投放

　　（1）运输方式　幼虾运输采用双层尼龙袋充氧、带水运输，尼龙袋内放置1~2片塑料网片或少量水草供虾苗攀缘。根据距离远近，每袋装幼虾（0.5~1.0）×10^4尾。

　　（2）投放时间　幼虾投放宜在晴天早晨、傍晚或阴天进行，避免阳光直射。

第九章

（3）消毒防病　幼虾放养前应做好检疫，并用3%～5%食盐水或聚维酮碘药液浸洗10分钟，杀灭寄生虫和致病菌。外购幼虾，离水时间长，应先将幼虾连同尼龙袋在池水中浸泡1分钟，提起搁置2～3分钟，再浸泡1分钟，如此反复2～3次，使幼虾体表和鳃腔吸足水分，待其恢复呼吸功能后，再将尼龙袋放在有水草的浅水处任由幼虾爬入池塘。

> **技巧**　在池塘岸坡边的水草处先泼洒多维葡萄糖或免疫多糖，再放入幼虾，能够让小龙虾迅速补充能量，恢复活力，成活率可由60%提高到90%以上。

4. 幼虾培育管理

（1）投饲　幼虾投放第一天即投喂人工专用幼虾饲料（粉料或膨化料），还可以投喂鱼糜、绞碎的螺蚌肉、屠宰场的下脚料等动物性饲料。每天投喂3～4次，除早上、下午和傍晚各投喂1次外，有条件的宜在午夜增投1次。日投喂量一般以幼虾总重的1%～5%为宜，具体投喂量应根据天气、水质和幼虾的摄食情况灵活掌握。日投喂量的分配如下：早上20%，下午20%，傍晚60%；或者早上20%，下午20%，傍晚30%，午夜30%。

（2）巡池　早晚巡池，观察水质等变化。在幼虾培育期间，水体透明度应为30～40厘米，并用加注新水或施肥的方法进行调控。

（3）分级饲养　根据幼虾规格大小，可进行分类培育。刚离开母体的幼虾，经20～30天的培育，规格达到2.0～3.0厘米，即可转入成虾饲养阶段。

二、投放种虾养殖模式

1. 养殖类型

投放种虾的养殖类型有：单养、鱼虾混养、鱼虾蟹混养等多种养殖模式。混养模式中的鱼、蟹投放与前面介绍的投放幼虾模式相同。

2. 投放时间与投放量

每年8月底投放种虾，每亩投放种虾20～30千克。种虾应避免近亲繁殖的后代。

3. 种虾选择

选择颜色暗红色或深红色，有光泽，体表光滑无附着物，个体大，附肢齐全、无损伤，无病害，体格健壮，活动能力强的种虾。

4. 种虾投放

（1）种虾运输　挑选好的种虾用不同颜色的塑料虾筐按雌雄分装，每筐上面放一层水草，保持湿润，使小龙虾的鳃不至于脱水，造成呼吸困难。避免太阳直晒，运输时间应不超过10小时，运输时间越短越有利于小龙虾成活。

（2）雌雄比　种虾按雌、雄比为（2~3）∶1投放。投放时将虾筐反复浸入水中2~3次，每次1~2分钟，使虾体和鳃部充分湿润并适应池塘水温，然后投放入池。

5. 种虾投饲

8月底投放的种虾除自行摄食池塘中的有机碎屑、浮游动物、水生昆虫、周丛生物及水草等天然饵料外，宜少量投喂动物性饲料或专用颗粒饲料，每天的投喂量为种虾总重的1%。10月以后，当发现池塘中有幼虾活动时，就要开始投喂粉料或幼虾饲料，即转入幼虾培育阶段。

第四节　成虾饲养管理

当投放的幼虾长至5厘米以上，体重达到5克以上时，即进入成虾饲养阶段，主要包括以下内容：

一、投饲

1. 投喂量

投饲时按"四定四看"的原则，即定时、定量、定质、定点和看季节、看天气、看水质、看虾的活动情况，确定投喂量。正常情况下，日投喂量一般为小虾体重的5%~8%、中虾体重的5%、大虾体重的2%~3%。水草丰富的池塘和连续阴雨天气、水质过浓、大批虾蜕壳和虾发病季节可少投或不投喂。

2. 投饲次数

每天上午、下午各投喂1次，以下午的投喂为主，约占全天投喂量的70%；当水温低于12℃时，可不投喂。3~4月，当水温上升到10℃以上时再开始投喂。小龙虾的摄食情况可通过观察台查看（图9-10）。在

投喂饲料后，观察3小时内摄食干净，即为投喂量合适，否则是过多或偏少。

图9-10　观察小龙虾摄食情况

二、水质调节

1. 水质调节对养殖的影响

（1）目的和标准　小龙虾对环境的适应力及耐低氧能力很强，甚至可以直接利用空气中的氧气，但长时间处于低氧气、水质过肥或恶化的环境中会影响小龙虾的蜕壳，从而影响其生长。因此，水质是限制小龙虾生长，影响小龙虾产量的主要因素。不良的水质会助长寄生虫、细菌等有害生物大量繁殖，导致疾病的发生和蔓延，水质严重不良时还会造成小龙虾死亡。在池塘高密度养殖条件下，经常使用微生态制剂、生石灰等调节水质，使池水透明度控制在40厘米左右，适时加水、换水、施肥营造一个良好的水体环境，有利于小龙虾健康生长。

"养好一池虾，先要管好一池水"，始终保持池塘"肥、活、嫩、爽"。

肥：就是池水含有丰富的有机物和各种营养盐，透明度为25～30厘米，繁殖的浮游生物多，特别是易消化的种类多。

活：就是池塘中的一切物质，包括生物和非生物，都在不断地、迅速地转化着，形成池塘生态系统的良性循环。反映在水色上，池水随光照的不同而处于变化中，这就是"活"而不"死"。

嫩：就是水色鲜嫩不老，易消化浮游植物多。若蓝藻等难消化种类大量繁殖，水色呈灰蓝色或蓝绿色，或者浮游植物细胞衰老，均会降低水的鲜嫩度，变成"老水"（彩图9）。

爽：就是水质清爽，水面无浮膜，混浊度较小，透明度为20~25厘米，水中溶氧量较高。

具体地说，水质营养丰富才能"肥"，早晚变化才是"活"，肥而不老方为"嫩"，不肥不瘦就是"爽"。

（2）虾池施肥　每年12月前每月施1次腐熟的农家肥，用量为每亩100~150千克；3~4月，当水温上升到10℃以上时，每月施1次腐熟的农家肥，用量为每亩50~75千克；保持水体透明度在25厘米左右。

每年4月以后，每15~20天换水1次，每次换水1/3；每10~15天泼洒1次生石灰水溶液，用量为每亩10~15千克。保持池塘水质清新，水位稳定，透明度在30~40厘米，pH为7~8。

施肥可以增加虾池中的营养成分，加速饵料生物的繁殖，在饵料生物丰富的情况下，小龙虾生长快、个体大、质量好，从而价格高。

2. 水质调控方法

（1）物理方法

1）适当注水、换水，保持水质清新。水源充足的池塘可参照透明度指标采取必要的注水和换水措施。当池水的透明度低于20厘米时，可以考虑抽出老水1/3~1/2，然后注入新水。一者带进丰富的氧气和营养盐类，再者冲淡池水中的有机物，恢复池水成分的平衡，这是改良水质最有效的办法。但要注意3点：一是要用潜水泵抽出池塘的底层水；二是注入的新水要保证水源的质量；三是换水时温差不得超过3℃，否则易造成冷热应激，导致小龙虾生病。

2）适时增氧，保持池水溶氧丰富。用机械增加空气和水的接触面，加速氧溶解于水中。通常使用各种增氧机、水泵充水、气泵向水中充气等都是物理方法增氧，是调节改良水质最经济、最有效、最常用的方法。适时开动增氧设备，增加水中氧气，不仅能够提高小龙虾对饲料的消化利用率，而且能够促使池水中的有机物分解，促进浮游植物利用，还能有效地抑制厌氧细菌的繁殖，降低厌氧细菌的危害，对改良池塘水质起着重要的作用。

（2）化学方法

1）定期施用生石灰。生石灰是水产养殖上使用的最广泛、最多的一种水质调节改良剂。施用生石灰主要是调节池水的酸碱度，使其达到良好水质标准的 pH 范围，同时作为钙肥可以促使浮游生物的组成维持平衡。一般每月施用 1 次生石灰，采取用水溶解释稀后全池泼洒，用量为每亩 5~15 千克，晴天 9：00 左右使用，不宜在下午使用。

2）定期改底。在小龙虾生长期内，每月施用氯制剂消毒液 2 次，每次使用量为 0.5~0.6 克/米³，可起灭菌杀藻的作用；每月施用 1 次底质改良剂，使用量为 40~50 克/米³，不仅可以吸附池水中的悬浮物，更重要的是可以改良底质，从而起到改良水质的作用。底质改良剂的主要成分是络合剂、螯合剂，将这些物质洒入水中，与水中的一些物质发生络和、螯合反应，形成络合物和螯合物，一方面缓冲 pH，减少营养元素（如磷）的沉淀，另一方面降低水中毒物（如重金属离子）的浓度和毒性，达到调节改良水质的作用。常用的络合剂、螯合剂有活性腐殖酸、黏土、膨润土等。目前，有一种新型亚硝酸根离子去除剂——亚硝酸螯合剂（BRT）及其盐类也可作为水产养殖土壤改良及底质活化剂，使用量为 0.1~0.3 克/米³。目前，生产上常用的改底产品是四羟甲基硫酸磷和过硫酸氢钾。

（3）生物方法

1）施用生物制剂。生物制剂的主要种类有光合菌、芽孢杆菌、硝化细菌、EM 菌复合生物制剂等。在水温达 25℃以上时，选择日照较强的天气，每月施用生物制剂，如复合型枯草芽孢杆菌净水剂、"活性酵素" 1~2 次，每次使用量为 0.8 克/米³ 和 6 克/米³，施用后数日内水质即可好转。

2）技术要领。一是施用生物制剂时必须选择水温在 25℃以上的晴天；二是在施用化学制剂后，如生石灰、氯制剂等，不能马上施用生物制剂。它们两者是相克的，应等到化学制剂药效消失，一般在一周后即可，这样才能达到理想的调水效果。

三、巡池检查

巡池的主要工作任务是：

1）早上检查有无残食，以便调整当天的投喂量。

2）中午测量水温，观察池水变化。

3）傍晚或夜间观察小龙虾的活动及摄食情况。

4）检查、维修防逃设施。

5）了解池塘病害和当地疫情，做好疾病的预防。

四、敌害防治

池塘饲养小龙虾，其敌害较多，如蛙、水蛇、泥鳅、黄鳝、肉食性鱼类、老鼠及水鸟等。放养前应用生石灰清除部分敌害生物，进水时要用规格为40目的纱网过滤；平时要注意清除池内敌害生物，有条件的可在池边设置一些彩条或稻草人，恐吓、驱赶水鸟。

五、越冬管理

1. 越冬前的准备

冬季小龙虾进入洞穴越冬，生长缓慢。加强冬季小龙虾越冬管理，能提高其越冬成活率和养殖效益。每亩施腐熟的牲畜粪肥100~150千克，培育浮游生物。移植水生植物，池中移栽凤眼莲、水花生、马来眼子菜等水生植物，覆盖率达40%以上，布局要均匀。水草可吸收池中过量的肥分，通过光合作用，防止池水缺氧，同时水草多可滋生水生昆虫，为小龙虾补充动物性饵料。

有条件的企业，可以在池塘上面搭建温棚（温室），如图9-11所示。小龙虾通过温棚饲养，可以提早繁殖或作为商品虾上市，弥补冬季市场短缺，效益好是不言而喻的。不过，温室投资大，如果技术不过关，亏本的风险也是很高的，所以不可贸然行事。

2. 日常管理的主要内容

1）适时投饵。越冬前多喂些动物性饲料，增强体质，提高小龙虾的冬季成活率。

2）调好水质。越冬期间，池中要保持水位在1.5米以上，以维持池水水温。水位过浅，要适时补水，防止龙虾冻伤、冻死。

3）定期巡池。每天巡池2次，发现异常及时采取对策。

4）防止冰冻覆盖水面后小龙虾缺氧，对于冰封期的池塘要及时破冰增氧，防止小龙虾浮头。

对冰封期的稻田
进行破冰增氧

图9-11 小龙虾冬季温棚饲养

第五节 虾蟹鳜池塘混养

经验

虾蟹鳜池塘混养一定要设置蟹种暂养区。5月小龙虾起捕上市后再撤围，让蟹进入大水域生长。

虾蟹鳜池塘混养的原理是利用不同品种的生长季节和在水域中生态位差异，错开生产茬口，充分利用池塘立体空间及资源，达到提高池塘养殖经济效益的目的。实践证明，虾蟹鳜池塘混养是一种生态高效养殖模式，具有投入少、效益高、产品优的优势。

河蟹喜食底栖动物，特别喜欢螺、蚬和水蚯蚓，也喜食水生植物；鳜鱼喜食活鱼且不食小龙虾，小龙虾食性为杂食性偏动物性。河蟹、小龙虾两者从食性角度来看，虽然基本相同，但是可以通过错开季节饲养来解决饵料矛盾。在水质要求上，河蟹、鳜鱼、小龙虾都喜栖息在水质清新的水域，混养时对水质要求基本一致。

一、池塘条件

池塘面积为15~30亩，水深为1.8~2.0米，塘埂坚实不漏水，埂面宽度为2.0~3.0米，池底平坦少淤泥，含沙量小，排灌方便。

二、水源水质要求

水源充足，无工业、农业及生活污染，对于水源有限的养殖区域，应减少池水向外河排放，可以通过建造生态净化循环沟渠避免养殖自身的污染。有条件使用江河、水库等天然水源更好。

三、防逃设施

池塘四周要用铝合金板、聚乙烯网片加塑料薄膜或钙塑板做好防逃设施，材料埋入土中 15~20 厘米，高出土面 50~60 厘米，每隔 50 厘米用木桩或竹桩支撑。

四、池塘的清整消毒

当年 11 月至第二年 2 月，在投放虾苗之前，排干池水，清除池塘中过多的淤泥，保持淤泥 10 厘米左右即可。修缮池埂，暴晒池底。每亩用生石灰 70~100 千克，化浆后全池泼洒，改善池底质和杀灭病原体。进水口用 60 目的聚乙烯网袋过滤，防止野杂鱼类及其鱼卵进入池塘。

五、种植水草，放养螺蚬

池塘中种植水草，既可提供河蟹栖息、避敌的场所，起净化水质作用，还可作为部分青绿饲料的来源，提高河蟹的成活率，促进河蟹生长。水草的品种以沉水的轮叶黑藻或伊乐藻和浮水的水花生相结合为好，水草面积为池塘面积的 30% 左右。放养螺蚬可吸水中浮游生物和有机质，同时又可提供鲜活饵料。采用上述养殖方式，能显著提高产品质量，降低成本，增加收入。

1. 水草种养

1）水花生的移植季节是每年的 3~4 月，割取陆生水花生，在池塘四周离塘边 1 米处设置宽约 2 米的水草带。伊乐草种植也在 3~4 月，池塘水位 40 厘米，采用分段无性插栽的方法，每亩种草量为 5~10 千克。

2）轮叶黑藻的种植季节在清明前后，池塘水位在 20~30 厘米，每亩用草籽 50~150 克，播种前草籽先用水浸泡 1~2 天，然后用细泥拌匀，全池散播或条播，播种后 1 个月即可长成 5 厘米以上的幼草。在生长旺季应割除过多的水草，以防水体等缺氧和水质恶化。

2. 螺蚬放养

在 4 月底前，每亩放螺蚬 100~200 千克，全池均匀抛放，当月即可繁殖出幼螺、幼蚬。

六、设置"蟹种暂养区"

暂养围网应在池塘进水前安装到位，位于池塘的中间，包围面积为池塘面积的 20%~30%，材料是 20 目的聚乙烯网片，围网高度为 1 米，上端内侧缝上 20 厘米的塑料薄膜，下端埋入泥土中 15 厘米。

如图 9-12 所示，将蟹种先放在暂养区培育到 5 月底至 6 月初，待池塘的水草生长和螺蚬繁殖到一定数量后，再将蟹种放入池塘中。

图 9-12　蟹种围栏培育

七、苗种放养

1. 蟹种放养

由于气候、土壤条件的不同及运输等因素的影响，本地培育的蟹种的成活率、抗病性及生长都明显好于外购的蟹种。因此，宜选择自己培育或本地培育的蟹种，避免选择外地的蟹种。蟹种放养时间宜在当年的 2 月初至 3 月中旬，以初春放养更为适宜。选择规格为 120~200 只/千克的蟹种，放养密度为每亩 800~1000 只，选择在晴天投放。暂养至 6 月初，小龙虾起捕完毕时撤掉围网，这时的蟹种已长至 40~80 只/千克，即可进入池塘中生长，如图 9-13 所示。

2. 虾种放养

初次养殖的，8 月底至 9 月投放种虾，每亩投放 20~30 千克；非初次

图 9-13　优质蟹种

养殖的，每亩投放 5~10 千克种虾。如果投放幼虾，则在 4 月投放 3~4 厘米幼虾 8000 尾左右。

3. 鳜鱼放养

鳜鱼是以捕食活鱼、虾为食的，在实验室小规模饲养条件下，鱼苗可以驯食人工软条状饵料，大面积人工配合饲料养鳜鱼还没有成功范例。虾、蟹、鳜混养，需要投放经过人工培育的鳜鱼种。鳜鱼每年的繁殖季节是 5 月，需要将鱼苗培育成能够自行捕食饵料的鱼时，才可以作为鱼种放养。到 6 月底，每亩可套养 5~7 厘米的鳜鱼种 10~12 尾。

八、投饲管理

池塘中培育螺蛳、水草等天然饵料，可解决虾、蟹部分饲料来源。养殖过程中投喂的饲料主要种类有：虾蟹配合饲料、螺、蚬、冰鲜鱼，另搭配少量的大小麦、豆粕、玉米等植物性饲料。投饲总原则为"荤素搭配，两头精中间粗"，即在饲养前期（3~6 月）以投喂颗粒饲料和鲜鱼块、螺、蚬为主，同时摄食池塘中自然生长的水草。在每年的 7~8 月，正是高温天气，应减少动物性饲料的投喂数量，增加水草、大小麦、玉米等植物性饲料的投喂量，防止河蟹过早性成熟和消化道疾病的发生。在饲养后期，即 8 月下旬至 10 月，以动物性饲料和颗粒饲料为主，满足河蟹后期生长和育肥所需，适当搭配少量植物性饲料。投喂的饲料要求新鲜不变质。控制投喂量，每天投喂 1~2 次，饲养前期每天 1 次，饲养中后期每天 2 次，上午投总量的 30%，晚上投总量 70%；精饲料与鲜活饲料隔天或隔餐交替投喂，均匀投在浅水区，坚持每天检查吃食情况，以全部吃完为宜，不过量投喂。

九、水质管理

整个饲养期间，始终保持水质清新，溶氧丰富，虾、蟹、鳜生长的适宜温度为 22~30℃，透明度控制在 30~40 厘米，前期偏肥，后期偏瘦。养殖初期（3~5 月）池塘水深 0.5~0.8 米，6 月后逐步加深水位，每 5~7 天添加 1 次新水，到高温季节，池塘水深保持在 1.2~1.5 米，并每天灌注外河水 20 厘米左右，水草的覆盖率达池塘面积的 50%，以降低水温，保持河蟹良好生长的水环境。当池塘水质不良时，应及时换水或采取其他的措施改善水质。经常使用生石灰来调节水质，使池水呈微碱性，增加水中钙离子含量，促进虾、蟹蜕壳生长。一般每亩每米水深每次用生石灰 5~10 千克，化浆后全池均匀泼洒，注意在高温季节减量或停用。用充电式喷施器（图 9-14）喷洒复合生物制剂（EM 菌、光合细菌、乳酸菌、枯草芽孢杆菌等），可改善池塘水质，分解水中的有机物，降低氨氮、硫化氢等有毒物质的含量，保持良好的水质，特别在换水不便或高温季节效果更加明显。同时还可预防病害的发生。

围栏虾蟹鳜混养

图 9-14　充电式喷施器

 **莲藕池养殖小龙虾**

在自然状态下，小龙虾和莲藕是一对矛盾体，在莲藕出苦时，小龙虾往往会夹苦，给莲藕生长带来较大影响。从前，农民种莲藕之前均会用溴氢菊酯灭掉小龙虾，来保护莲藕生长。为了解决虾与莲藕的矛盾，达到虾与莲藕双赢的目的，各地开展了大量实践，现已成功地探索出了虾莲（藕）共作高效模式。虾莲（藕）共作高效模式不仅效益好，每亩平均产值在 6000 元左右，分别比单纯种莲藕或养虾增收 80%、75%，还凸显了生态效益，莲藕池为小龙虾提供了丰富的饵料资源、附着物和荫蔽的环境，小龙虾吃掉了杂草和藕蛆，莲藕长势更好。栽种莲藕的水体大体上可分为莲藕池和籽莲池两种类型。莲藕池多是农村塘坑，水深多在 0.5~1.8 米，栽培期为 4~10 月。莲藕叶遮盖整个水面的时间为 7~9 月。莲藕田多是低洼田，水浅，一般水深 10~30 厘米，栽培期为 4~9 月。人们习惯把种植莲藕的深水环境叫"藕池"、浅水环境叫"藕田"。

虾莲（藕）共作有两种，即虾莲共作和虾藕共作。这两种模式在种养环境条件和管理要求上都基本相同。

第一节　莲藕池（田）准备

一、莲藕池（田）工程建设

通风向阳、光照好、池底平坦、水深适宜、保水性好、水源充足，符合《渔业水质标准》（GB 11607—1989），进、排水设施齐全，面积为 10~50 亩的新老藕池均可用来养殖小龙虾，如图 10-1 所示。莲藕池（田）工程剖面，如图 10-2 所示。

图 10-1 莲藕池养小龙虾

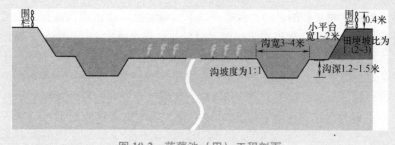

图 10-2 莲藕池（田）工程剖面

1. 挖沟

对一般莲藕池（田）做基本改造，可按"田"字或"十"字形挖虾沟，距池埂基部（堤脚）2米左右向内开挖围沟，沟宽3~4米，深1.2~1.5米，坡比为1:(2~3)。面积在50亩以上的，还需要在池中间开挖"一"字形或"十"字形池间沟，沟宽1~2米，沟深0.8米。利用开挖围沟的泥土加高、加宽、加固池埂，每加一层泥土都要进行夯实。池埂应高于莲藕池（田）面0.6~0.8米，顶部宽2~3米。在高温季节对莲藕池（田）浅灌、追肥、施药等情况下，一方面为小龙虾提供安全栖息的场所，另一方面还可在莲藕抽苔时控制水位，防止小龙虾进入莲藕池（田）危害莲藕，还可防止小龙虾掘穿堤埂，引发崩塌事故，做好汛期安全防范工作。

经验

　　藕池养殖成功，关键要沟深、坡缓、种水草，还要有占面积10%左右的敞水区域，通过晒水提高水温，如果全池都被荷叶遮盖，注定养虾失败。

2. 防逃和进、排水设施

　　田埂四周用塑料薄膜或水泥瓦建防逃墙，防止小龙虾攀爬外逃。在莲藕池（田）两端对角设置进、排水口，进水口必须高出池水平面20厘米以上，排水口建在莲藕池（田）的另一端围沟的低处。进、排水管使用直径为20厘米的PVC管。进、排水口必须安装过滤网罩，以防止逃虾和敌害生物进池。

二、消毒与施肥

　　在放养小龙虾种苗前10~15天，每亩莲藕池（田）用生石灰50~100千克，溶入水后全池（田）泼洒，或选用其他药物对莲藕池（田）、沟进行彻底清池消毒。施肥应以基肥为主，每亩施有机肥料300~500千克，要施入莲藕池（田）耕作层内，一次施足，减少日后施肥与追肥的数量和次数。

三、水草种植

　　向虾沟及池埂边缘移植水草的时节是每年的11月至第二年1月，在沟内移植伊乐藻，每亩20千克种株，切成20厘米长的草段，每20株为一束人工插栽，行距为8~10米，株距为6米。株距不可过密，否则会影响投饵、捕捞和虾的生活。

第二节　莲藕的种植与虾种放养

一、栽培季节

　　莲藕适宜温暖湿润的环境，主要在炎热多雨的季节生长。当气温稳定在15℃以上时就可栽培，长江流域在3月下旬至4月下旬，珠江流域及北方地区要分别比长江流域提早和推迟1个月左右，有的地方在气温达12℃以上即开始栽培。总之，栽培时间宜早不宜迟，这样使其尽早适应新环境，延长生长期。栽培时间不能太早或太晚，太早，地温较低，种藕易烂，若是栽培幼苗，也易冻伤；太晚，藕芽较长，易受伤，对新

第十章

环境适应能力差，生长期也短。因此，适时栽培是提高藕产量的重要一环。

二、莲种选择

1. 子莲品种

应选择花蕾多、花期长、产量高、莲子大的子莲，如鄂子莲1号、苏丰二号、太空莲等。栽种密度为每亩120~200支。

2. 藕莲品种

种藕可选择3个以上藕节及1个以上顶芽的藕枝。要求藕枝未受到虫害，无大的机械损伤，新鲜无萎蔫，如鄂莲5号、鄂莲6号、鄂莲9号、鄂莲10号等。

三、适时种植

种植时间一般在3月下旬至4月下旬。种植前水位控制在10厘米左右，每亩选种藕200支，周边距围沟1米远挖穴，行距以4米、株距以3.5米为宜，边垄每穴栽3支，中间每穴栽4支，每亩50穴左右。栽时藕头倾斜15度角度插入泥中10厘米，末梢露出泥面，边垄的藕头朝向田内。排种时，按照藕种的形状用手扒开淤泥，然后放种，放种后立即盖回淤泥。通常斜植，藕头入土深10~12厘米，尾节梢翘在水面上，种藕与地面倾斜约20度，这样可以利用光照提高土温，促进萌芽。

四、虾种放养

（1）环境营造　莲藕池（田）养殖小龙虾，首先要人工营造适合小龙虾生长的环境，在虾沟内移植伊乐藻、轮叶黑藻、苦草、空心菜、菹草等沉水植物，为小龙虾苗种提供栖息、嬉戏、隐蔽的场所。

（2）放养模式

1）投放种虾模式。莲藕种植后，可根据实际情况选择养虾模式。

在8~9月，从良种选育池或天然水域捕捞种虾，按雌雄比为3:1或5:2投放，每亩投放成熟种虾25千克。

2）投放幼虾模式。4月下旬至5月，此时莲藕已成活并长出第一片嫩叶，水温也上升至18℃以上，从虾稻连作或天然水域捕捞幼虾投放，要现捕现放，幼虾离水时间不要超过2小时。幼虾规格为2~4厘米，投放数量为每亩5000~8000尾。在放养时，要注意幼虾的质量，同一田块放养规格要尽可能整齐，一次放足。

要求幼虾色泽光亮、有活力、体质好、附肢齐全、无病无伤。

第三节 莲藕池管理

一、饵料投喂

莲藕池饲养小龙虾，投喂饲料同样要遵循"四定"的原则。投喂量依据莲藕池中天然饵料的多少和小龙虾的放养密度而定。采取定点的办法，即在水较浅、靠近虾沟、虾坑的区域拔掉一部分藕叶，使其形成明水区，投饲在此区内进行。在投喂饲料的整个季节，遵守"开头少，中间多，后期少"的原则。

成虾养殖可直接投喂搅碎的米糠、豆饼、麸皮、杂鱼、螺蚌肉、蚕蛹、蚯蚓、屠宰场下脚料或配合饲料等，保持饲料中蛋白质含量在28%以上。6~9月水温高，是小龙虾生长旺期，一般每天投喂1~2次，时间在9：00~10：00和日落前后或夜间，日投喂量为小龙虾体重的5%~8%；其余季节每天可投喂1次，于日落前后进行，或者根据摄食情况于第二天上午补喂1次，日投喂量为小龙虾体重的1%~3%。饲料应投撒在池塘四周的浅水区域，在小龙虾集中的地方可适当多投，以利于其摄食和饲养者检查吃食情况。

注意 饲料投喂控制好数量，天气晴好时多投，高温闷热、连续阴雨天或水质过浓则少投；大批龙虾蜕壳时少投，蜕壳后多投。

二、饲养管理

1. 水位调节

莲藕从栽种至封行期间应缓慢加深水位，水深从5厘米逐渐加深到10厘米，一方面有利于土温上升快，发苗快；另一方面，由于水浅，小龙虾只在深沟里活动，不上莲藕池的浅水区，避免小龙虾夹断荷苦。农历夏至后灌水至20~30厘米深，让小龙虾进入莲藕池活动觅食。每天观察莲田情况，如夹断荷梗比较多则适当降低水位，待荷梗变粗变老后，小龙虾不再去夹，应加深水位。

全年水位管理按照浅-深-浅-深的原则进行水位管理。9~11月采取浅水位，20~30厘米；当年12月至第二年2月采取深水位，40~60厘米；3~5月采取浅水位，5~10厘米；6~8月采取深水位，40~80厘米。

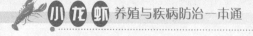

具体水深根据莲藕池条件和不同季节的水深要求灵活掌握。

在莲藕生长旺季，由于莲藕池水面被藕叶覆盖，水体光照不足会导致水体缺氧，在夏天的后半夜尤为严重。此时小龙虾常会借助莲藕茎攀爬到水面，将身体侧卧，利用体侧的鳃直接进行空气呼吸，以维持生存。在饲养过程中，要采取定期加水和排出部分老水的方法，调控水质，保持田水溶氧量在 4 毫克/升以上，pH 为 7~8.5，透明度在 35 厘米左右。每 15~20 天换 1 次水，每次换水量为池塘原水量的 1/3 左右；每 20 天泼洒 1 次生石灰水，每亩用生石灰 10 千克，在改善池水质的同时，增加池水中离子钙的含量，促进小龙虾蜕壳生长。

2. 适时追肥

莲藕立叶后追施窝肥，每亩追施优质三元复合肥和尿素各 10 千克。待荷叶快封行时，再满田追施 1 次肥料，每亩追施优质三元复合肥和尿素各 15 千克。莲盛花期还要再追施 1 次肥料，每亩追施优质三元复合肥和尿素各 20 千克，确保莲蓬大，籽粒饱满。追肥时，如果肥料落于叶片上，应及时用水清洗。各地可就地取材，施用当地农家肥或有机肥料。

3. 病虫害防治

莲藕病害主要有褐斑病、腐败病、叶枯病等。要选用无病种藕，栽植前用绿亨一号 2000 倍液或 50%多菌灵 800 倍液浸种藕 24 小时。发病初期选用上述药剂喷雾防治。虫害主要有斜纹夜蛾、蚜虫、藕蛆。对斜纹夜蛾，需人工采摘 3 龄前幼虫群集的荷叶，踩入泥中杀灭。对蚜虫可在田间插黄板诱杀。藕蛆作为小龙虾的饵料，无须防治。

三、藕带采摘

虾莲共作模式中，藕带是主要的经济收入之一；虾藕共作模式一般不采摘藕带，因为藕带决定莲藕产量。藕带是莲的根状茎，横生于泥中，并不断分枝蔓延。新鲜的藕带有较好的脆性，风味佳，营养丰富，是人们餐桌上的美味佳肴。采摘藕带是增加种莲收入的重要途径，每亩可采藕带 30~60 千克。新莲田一般不采藕带，2~3 年的座苑莲田要采摘，3 年以上重新更换良种。藕带采摘期主要集中在每年的 4~6 月。4 月上中旬开始，5 月可大量采收。采收的方法是找准对象藕苦，右手顺着藕苦往下伸，直摸到苦节为止，认准藕苦节生长的前方，用食指和中指将苦前藕带扯出水面，再用拇指和食指将藕苦节边的带折断并洗净。采后运输销售时放于水中养护，防氧化变老。

四、莲籽采收

虾莲共作模式中，莲籽是又一主要的经济收入；在虾藕共作模式中，莲籽是副产品。鲜食莲籽在早晨采收上市。准备加工捅心的，采收八成熟莲籽，除去莲壳和种皮，捅除莲心，洗净沥干再烘干。采收壳莲的，待老熟莲籽与莲蓬间出现孔隙时及时采收，以免遗落田间。

五、藕的采挖

在虾藕共作模式中，藕是主要的经济作物，小龙虾是辅助收益。

1. 采挖时间

10 月上中旬，当莲藕地上部分已基本枯萎时开始采收，越冬时只要保持一定水层，可一直采收到第二年 2 月下旬。

2. 采挖前准备工作

采挖前先将池水排浅或排干，挖藕结束，清整好泥土，再灌水入池，进入下一个生产周期。

3. 采挖方法

采收藕有两种方法：一是全田挖，第一年重新播种；二是抽行挖藕，即抽行挖去 3/4 面积，留 1/4 不挖，作为第二年藕种。

六、小龙虾收获上市

当年 8 月投放的种虾，到第二年 5 月上旬，就有一部分小龙虾能够达到商品规格，可以开始捕捞了。将达到商品规格的小龙虾上市，未达到规格的继续留在莲田内饲养，如此能够降低田中小龙虾的密度，促进小规格的小龙虾快速生长。

在莲藕池中捕捞小龙虾的方法很多，可采用虾笼、地笼网等工具进行捕捞，最后可采取干田捕捞的方法。没捕捞完的小龙虾可作为种虾继续第二年的养殖。

第十章

第十一章　小龙虾的其他养殖方式

第一节　湖泊、草荡养殖小龙虾

湖泊、草荡养殖小龙虾，是指利用天然大水面优越的自然条件与丰富的生物饵料资源进行养殖生产的一种模式。它具有省工、省饲、投资少和回报率高等特点，小龙虾还可以和蟹混养，以及与水生蔬菜共生，综合利用水体，建立生产、加工、营销规模经营产业链，是充分利用我国湿地资源的有效途径。

一、湖泊、草荡的选择

选择水源充沛、水质良好、水位稳定且能够控制，水生动植物等天然饵料丰富，排水口少，封闭性较好的湖泊、草荡等湿地，如图 11-1 所示。

图 11-1　湖泊养小龙虾

在湖泊中养殖小龙虾，在国外早已有之，方法也很简单，但小龙虾养殖对湖泊的类型有要求：一是草型湖泊；二是浅水型湖泊。那些又深又阔，或者过水性湖泊，则不宜养殖小龙虾。目前，长江中下游地区的草型湖泊的小龙虾养殖发展十分迅速。

二、工程建设

1. 湖泊设施

湖泊养小龙虾，由于水面宽广，需要用网围设施分割，便于投饲和捕捞。

网围养虾的地点应选择在环境比较安静的湖湾区域，水位相对稳定，湖底平坦、风浪较小、水质清新、水流畅通，避免在河流的进、排水口和水运交通频繁地段选点。要求周围水草和螺、蚬等饵料丰富，无污染源，网围区内水草的覆盖率在50%以上，并选择一部分菱草、蒲草地段作为小龙虾的隐蔽场所。湖岸线较长，坡地较平缓，常年水深在1米左右。

但是要注意水草的覆盖率不要超过70%。生产实践证明，水浅草多尤其是蒿草、芦苇、蒲草等挺水植物过密，水流不畅的湖湾岸滩浅水区，夏秋季节水草大量腐烂，水质变臭（渔民称酱油水、蒿黄水），分解出大量的硫化氢、氨、甲烷等有毒物质和气体，有机物耗氧量增加，造成局部缺氧，引起小龙虾大批死亡，这样的地方是不宜养殖的。

网围设施由栏网、石笼、竹桩、防逃网等部分组成。栏网用孔径为1~2厘米，3×3聚乙烯网片制作。网高2米，装有上下纲绳，上纲固定在竹桩上，下纲连接直径为12~15厘米的石笼，石笼内装小石子，每米装5千克，用脚踩入泥中。竹桩的毛竹长度要求在3米以上，围绕圈定的网围区范围，每隔2~3米插一根竹桩，要垂直向下插入泥中0.8米，作为拦网的支柱。防逃网连接在拦网的上纲，与拦网向下成45度夹角，并用纲绳向内拉紧撑起，以防止小龙虾攀网外逃。为了检查小龙虾是否外逃，可以在网围区的外侧下一圈地笼。

网围区的形状以圆形、椭圆形、圆角长方形为最好，因为这些形状抗风能力较强，有利于水体交换，减少小龙虾在拐角处挖坑打洞和水草等漂浮物的堆积。每一个网围区的面积以10~50亩为宜。

2. 草荡设施

草荡的面积较湖泊小，可不用围栏，工程量相应减少。在生产上，利用芦荡、草滩、低洼地养小龙虾的做法统称草荡养虾。草荡养虾类型多种多样，有的专门养殖小龙虾，有的进行虾、蟹、蚌混养。

草荡的生态条件虽然较为复杂，但它具有养殖小龙虾的一些有利条件。草荡多分布在江河中下游和湖泊水库附近水源充足的旷野里，面积较大，可采用自然养殖和人工养殖相结合，减少人为投入；草荡中多生长着芦苇、慈姑等杂草，构成小龙虾摄食和隐蔽的场所；草荡水浅，水温宜升高，水体易交换，溶氧足；草荡底栖生物较多，有利于螺、蚬、贝等小龙虾喜爱的饵料生长。草荡设施主要包括以下6个环节：

（1）选好地址　选择好将要养虾的草荡，在四周挖沟围堤，沟宽3～5米，沟深0.5～0.8米。

（2）基础设施　在荡区开挖"#"字形或"田"字形沟，宽1.5～2.5米，深0.4～0.6米。

（3）营造小龙虾的洞穴环境　可以在草荡中央挖些小塘坑与虾沟连通，每个水凼的面积为200米^2。用虾沟、塘坑挖出的土顺手筑成小埂，埂宽50厘米即可，长度不限。

（4）移植水草　对草荡区域内无草地带还要移植适量的伊乐藻、水花生等沉水植物，保持原有的和新栽的草覆盖荡面45%左右。

（5）进、排水系统　对面积较大的草荡还要建控制闸和排水涵洞，以控制水位，从而保障小龙虾的良好生长环境。

（6）防逃设施　可用宽60厘米的聚乙烯网片，沿草荡边利用树木做桩把草荡围起来，然后用加厚的塑料薄膜缝在网片上，将网片埋入地下20厘米即可，以此防止小龙虾逃跑和老鼠、蛇等敌害生物入侵，如图11-2所示。

图11-2　草荡围栏设施

三、清除敌害

乌鳢、鲶鱼、蛇等是小龙虾的天敌，必须加以清除。因此，在固定栏网前要用捕捞工具，密集驱赶野杂鱼类。最好用石灰水、巴豆等清塘药物进行泼洒除野，然后铺设栏网并把底纲的石笼踩实。草荡中敌害较多，如凶猛鱼类、青蛙、蟾蜍、水老鼠、水蛇等。在虾种刚放入和蜕壳时，抵抗力很弱，极易受害，要及时清除敌害。进、排水管口要用金属或聚乙烯密眼网包扎，防止敌害生物的卵、幼体、成体进入草荡。在虾种放养前15天，选择风平浪静的天气，采用电捕、地笼和网捕清除敌害。电捕方法用几台功率较大的电捕鱼器并排前行，来回几次即可清除完毕。药物清塘一般采用漂白粉，每亩用量为7.5千克，沿草荡区中心泼洒。要经常捕捉鱼、青蛙、蟾蜍。对鼠类，可在专门的粘贴板上放诱饵，诱粘捕获。

四、苗种放养

小龙虾的苗种放养有两种方式：一是放养3~4厘米的幼虾，每亩放6000尾，时间在4月，当年6月就可养成大规格商品虾；另一种就是在8~9月放养种虾，每亩放25千克左右，第二年4月底就可以陆续出售商品虾，而且全年都有虾出售。

五、饲养管理

1. 合理投喂

在浅水湖泊和草荡，水草和螺、蚬资源相当丰富，可以满足小龙虾摄食和栖居的需要。经过调查发现，在水草种群比较丰富的条件下，小龙虾摄食水草有明显的选择性，爱吃沉水植物中的伊乐藻、菹草、轮叶黑藻、金鱼藻，不吃水花生，苦草也仅吃根部。因此，要及时补充一些小龙虾爱吃的水草。

为小龙虾投饵时应尽可能多投喂一些动物性饵料，如小杂鱼、螺蚬类、蚌肉等，还有全价配合饲料。小龙虾摄食以夜间为主，一般每天傍晚投饵1次。

2. 水质管理

草荡养虾要注意因水草腐烂造成的水质恶化，每年秋季较为严重，应及时除掉烂草，并注新水，保持水体溶氧量在5毫克/升以上，透明度达到35~50厘米。注新水应在早晨进行，不能在晚上，以防小龙虾集群逃逸。注水次数和注水量依草荡面积、小龙虾的活动情况和季节、气候、水质变化情况而定。为有利于小龙虾蜕壳和保持蜕壳的坚硬和色泽，在小龙虾大批蜕壳前用生石灰或氯化钙或乳酸钙等钙制剂全荡泼洒，为小龙虾补钙。

3. 日常管理

要坚持每天巡查网围区防逃设施是否完好。特别是虾种放养后的前

5天，由于环境突变，小龙虾到处乱爬，最容易逃逸。另外，由于网围设施受到生物等诸多因素的影响造成破损，稍不注意，即可出现漏洞。7~8月是洪涝汛期和台风多发季节，要做好网围设施的加固工作，还要备用一些网片、毛竹、石笼等材料，以便急用。网围区周围放的地笼要坚持每天倒袋。如果发现情况，及时采取措施。此外，还要把漂浮到拦网附近的水草及时打捞上岸，以利于水体交换。如果发现网围区内水草过密，则要割去一部分，形成3~5米的通道，每个通道的间距为20~30米，以利于水体交换。为了改善网围区内的水质条件，在高温季节，每半个月左右用生石灰泼洒1次，用量为每亩水面20千克左右。

在小龙虾生长期间严格禁止在养虾湖泊内捞草，以免伤害草中的小龙虾，特别是蜕壳虾。

第二节　茭白池养殖小龙虾

茭白又叫茭笋、篙芭，古称菰。茭白原产于我国，在长江流域各地，尤其江南一带多利用浅水沟、低洼地种植。茭白肉质洁白、柔嫩，含有大量氨基酸，味鲜美，营养丰富，可煮食或炒食，是我国特产的优良水生蔬菜。池上长茭白，池底养龙虾是当今正在广泛推广的一种立体种养模式。

一、茭白池的改造

选择水源充足、无污染、排污方便、保水力强、耕层深厚且肥沃、面积在1亩以上的池塘种植茭白作物和养殖小龙虾。

改造工程包括以下3个方面：其一，开挖虾沟，沿埂内四周开挖宽2~4米、深1~1.5米的环形虾沟，池塘较大的中间还要适当开挖中间沟，中间沟宽0.5米~1米、深0.5米，总面积占池塘面积的10%~15%；其二，安装防逃设施，在放养小龙虾前，要将池塘进、排水口安装网拦设施，可用宽60厘米的聚乙烯网片，沿池塘边利用树木做桩把池塘围起来，然后用加厚的塑料薄膜缝在网片上，将网片埋入地下20厘米即可，防止小龙虾逃跑和老鼠、蛇等敌害生物入侵；其三，施基肥，每年2~3月种茭白前施底肥，可用腐熟的猪粪、牛粪和绿肥，用量为150千克/亩，还要另加钙镁磷肥20千克/亩和复合肥30千克/亩。翻入土层内，耙平耙细，泥肥均匀混合，即可移栽茭白苗木。

二、茭白苗木移栽

在9月中旬至10月初，茭白采收时进行选种苗，选取植株健壮、高度中等、茎秆扁平、纯度高的优质茭株作为移栽株并及时移植。待茭株成活后，在第二年3月下旬至4月中旬再将茭墩挖起，用刀具顺分蘖处将其劈开成数小墩，每墩带匍匐茎和健壮分蘖芽4~6个，剪去叶片，保留叶鞘长16~26厘米，减少水分蒸发。做到随挖、随分、随栽，使其提早成活。株行距按栽植时期，分墩苗数和采收次数而定。双季茭采用大小行种植，大行距1米，小行距80厘米，穴距50厘米，每亩1000穴左右，每穴6~7棵苗，栽植深度以根茎和分蘖基部入泥土、分蘖苗芽稍露水面为宜。

三、虾种投放

在虾种下池前，也就是在茭白苗移栽前10天左右，要对虾沟进行清理消毒。待虾沟毒性消失后，再行放苗。每亩可放养3~4厘米的小龙虾幼虾6000~8000尾。前期应将幼虾投放在浅水及凤眼莲浮植区，水生植物供其攀缘附着，能显著提高幼虾的成活率。也可投放种虾，每亩投放性成熟的种虾25千克，在茭白池中自繁自养。

四、饲养管理

茭白的栽培遵循"浅-深-浅"的规律，即浅水栽植、深水活棵、浅水分蘖。在茭白萌芽前灌水30厘米，栽后保持水深50~80厘米，分蘖前宜保持水深80厘米，可促进其分蘖和发根。至分蘖后期，水加深至100厘米，可以控制无效分蘖。7~8月高温期宜保持水深120~150厘米。

小龙虾的饲料要坚持因地制宜，就近取材。根据季节变化粗料和精料配合使用，如菜饼、豆渣、麦麸皮、米糠、蚯蚓、蝇蛆、专用颗粒料和其他水生动植物都可作为小龙虾的优质饲料源。自制混合饲料成本低、效果好。投喂的动物性饲料包括螺蚌肉、鱼糜、蚯蚓或捞取的枝角类、桡足类动物，以及动物屠宰企业的下脚料等。投喂方法是沿虾池边四周浅水区定点多点投喂。投喂量一般为小龙虾体重的5%~12%，采取"四定"投喂法，每天仅18：00~19：00投喂1次即可。

通过人工施有机肥料来保持池底肥力。基肥常用人畜粪、绿肥。追肥多用化肥，宜少量多次，可选用尿素、复合肥、钾肥等，有机肥料应占总肥量的70%。禁止使用碳酸氢铵，其入水后易水解出铵根并分解出氨气，小龙虾对该物质十分敏感。

做好疾病预防工作，科学诊断，对症用药。选用高效低毒、无残留、没有副作用的农药。施药后应及时换注新水，严禁在中午高温时间用药，

避免造成生产事故。

五、收获上市

按采收季节，茭白可分为一熟茭和两熟茭。一熟茭又称单季茭，为严格的短日性植物。在秋季日照变短后才能孕茭，每年只在秋季采收1次。一熟茭对水肥条件要求不高，主要品种有广州的大苗茭、软尾茭、象牙茭、寒头茭等。二熟茭又称双季茭，对日照长短无特殊要求，除炎热的盛夏不能孕茭外，初夏和秋季都能孕茭。栽植当年秋季采收1次，称秋茭；第二年初夏再采收1次，称夏茭。二熟茭对肥水条件要求较高，主要品种有杭州梭子茭，苏州小腊茭、两头早、无锡中介茭等。采收茭白后，应该用手把墩内的烂泥培上植株茎部，以备再生。茭白枯叶腐烂后是小龙虾的饲料。一般每亩产茭白750~1000千克。小龙虾收获时，可以用地笼对小龙虾捕捞收获。分期捕捞后，需及时补足虾种，通过轮捕轮放方式，一般每亩产小龙虾200千克以上，小龙虾单项收益在6000元以上。

第三节 沟渠养殖小龙虾

用于灌溉、防汛的河沟、渠道面积大，用途单一。由于这些水域都是过水性的，而且水位较浅，加上地处荒野，管理不便，所以多数闲置，造成资源浪费。如果加以科学规划与管理，用这些闲置的沟渠来养殖小龙虾，可使农业增效、农民增收。

一、沟渠条件

要求沟渠水源充足，水质良好，注排方便，水深0.7~1.5米，不宜过深。沟渠最好常年流水养殖，那么沟渠养殖小龙虾比池塘养殖的质量更佳，色泽更亮丽，价格也更高，潜力巨大。

如果沟渠的地势略带倾斜就更好了，这样可以创造深浅结合、水温各异的水环境，充分利用日光升温，增加有效生长的时数与天数，同时也便于小龙虾栖息与觅食。

二、放养前准备

1. 做好拦截和防逃工作

小龙虾的逃逸能力较强，尤其是在沟渠这样的活水中更要注意，必须搞好防逃设施建设。在两个桥涵之间用铁丝网拦截，铁丝网最上端再缝上一层宽约25厘米的硬质塑料薄膜作为防逃设施。防逃设施可用塑料薄膜、钙塑板或网片，沿沟埂两边用竹桩或木桩支撑围起防逃，露出埂上的部分 50 厘米左右。如果使用网片，需在上部缝制 20 厘米的塑料薄膜，以增强防逃效果。

2. 做好清理消毒工作

沟渠不可能像池塘那样抽干水后再行消毒，一般是尽可能地先将水位降低，然后再用电捕工具将沟渠内的野杂鱼、生物敌害电击致死并捞走，最后用漂白粉按每亩 10 千克（以水深 1 米计算）的量进行消毒。

3. 施肥

在小龙虾入沟渠前 10 天进水 30 厘米，每亩施腐熟畜禽粪肥 300 千克，培育轮虫和枝角类、桡足类等浮游生物，第一次施肥后，可根据水色、pH、透明度的变化，适时追施 1 次肥料，使池水 pH 保持在 7.5 ~ 8.5，培育水色为茶褐色或浅绿色。

4. 栽种水草

沿沟渠护坡和沟底种植一定数量的水草，选用苦草、伊乐藻、空心菜、水花生、凤眼莲、菱角、茭白等，种草面积为沟渠总面积的 70%。水草既可作为小龙虾的天然食物，又能为其提供栖息和蜕壳环境，缩小活动范围，防止逃逸，减少相互残杀，还具有净化水质、增加溶氧、消浪护坡、防止沟埂坍塌的作用。

5. 安装安全网罩

进水口需安装安全网罩或网袋，即过滤网，一般采用 60 ~ 80 目（孔径为 0.18 ~ 0.25 毫米）聚乙烯网绢或金属网绢，防止敌害生物，如鱼类、蛙类、蛇等进入养殖池，蚕食虾种，尤其是小龙虾蜕壳时，最容易受到伤害。另外，安装安全网罩还可以防止小龙虾外逃。

三、虾种放养

在沟渠中投放虾种有两种方法：一是每年 8 ~ 9 月投放抱卵亲虾，密度为每亩水面 25 千克左右；二是 4 月投放 3 厘米左右的幼虾每亩 10000 尾左右。第一次投放虾苗或亲虾的质量很重要，它关系到当年的产量和收益，也关系到第二年的收益，因为，第二年的虾种来源于第一年小龙虾自然繁殖的虾苗，可以不再投放或补充虾种。

四、饲料投喂

利用沟渠养殖，可培育丰富的动植物饵料资源，减少投饵量，降低养殖成本，提高养殖效益。例如，在沟渠中投放螺蛳成体、幼体和水蚯

蚓等，水生底栖动物一般都是小龙虾的优质饲料。每亩沟渠投放300千克左右的螺蛳，既可改善水质，又可使小龙虾有充足的天然饲料。在饲料不足时，水面上会出现漂浮的水草段，此时应补充人工饲料。

饲料投喂以植物性饲料为主，如新鲜的水草、水花生、空心菜、麸皮、米糠、泡胀的大麦、小麦、蚕豆、水稻等作物。有条件的投放一些动物性饲料，如砸碎的螺蛳、小杂鱼和动物内脏，以及食品企业的下脚料鱼糜、肉糜等。在饵料充足、营养丰富的条件下，可大大提高小龙虾的生长速度，幼虾经40天左右的培育就可达到上市规格。

五、饲养管理

建立巡池检查制度，定期检查饲料残留、小龙虾活动、防逃设施等情况。沟渠最好常年流水，对于那些静水沟渠来说，水质要保持清新，每15~20天换1次水，每次换水1/3左右。每半月泼洒1次生石灰水，每次每亩用生石灰10千克，或者漂白粉0.5千克，调节水质，有利于小龙虾蜕壳生长。

第四节 林间沟渠养殖小龙虾

随着我国生态文明建设的推进和乡村振兴战略的实施，一些曾经被挤占的林地被陆续退耕还林。养殖户可以利用这些退耕林区的空闲地带，尤其是低洼地带，稍加改造，辅添一定设施，建成浅水沟渠或水凼养殖小龙虾，每亩产量可达300千克左右，获纯利润3000元以上。

这是一种种植和养殖双赢的高效林业模式，由于林间保水性能得到加强，既有利于树木的生长，又能充分利用土地资源创造效益，并且方法简单，可操作性强，又便于管理。具体方法与稻田养虾基本相似。

一、开挖浅水沟渠

根据地形地貌特点，因地制宜，首先在树林行距间开挖一条长若干米的沟渠，宽约1.5米、深约1米，使沟渠离两边苗木至少有50厘米的安全距离。在渠底铺设一层厚质工程塑料薄膜，用来保水保肥，既可防止沟渠内的蓄水外流，又可防止渠水浸泡树苗。然后在薄膜上覆盖一层厚15~20厘米的泥土或沙土，起保肥作用，并为小龙虾栖息提供场所。加高加固水渠的围堤，夯实堤岸，以防漏水，如图11-3所示。沟渠挖成后，施用有机肥料或农家牲畜厩肥培肥水质，每亩施发酵的猪粪或牛粪250千克，后期可根据水色的深浅和饵料生物的丰歉适当追肥。

第十一章

二、沟渠养殖环境的营造

在浅水沟渠内，人工制造一些适宜小龙虾生长栖息的小生境，在间隔1~2米处修建一个露出水面约1.0米^{2}的浅滩，在浅滩的四周，可用竹筒、塑料瓶、石棉瓦等材料设置一些大小不同的洞穴，供小龙虾隐藏。渠内和浅滩要移植水草，如苦草、轮叶黑藻、菹草、莲藕、茭白等沉水植物，同时还要移植少部分凤眼莲、浮萍等漂浮植物。水草覆盖

图11-3 林间沟渠养殖小龙虾

范围要占沟渠面积的50%以上。水草和浅滩是小龙虾栖息、掘洞、嬉戏、繁殖的最佳环境。在渠内放置一些树枝、树根、砖块、瓦片等可形成人工洞穴，相对缩小其活动空间，有利于小龙虾的快速生长。

三、安装防逃设施

小龙虾在活水环境中生性活泼，喜欢外逃，因此，要安装好防逃设施。用宽60厘米的聚乙烯网片、金属网片或塑料板块，沿渠边利用树木做桩把水渠围起来，然后把加厚的塑料薄膜缝在网片上即可。

四、虾种投放

小龙虾投放方法与稻田、藕池养殖小龙虾的方法基本相同。尤以投放种虾效果好，每亩放种虾25~30千克即可。还可以放养体长为3厘米的幼虾，密度为20~30尾/米^2。在虾种入渠前要对其消毒，用3%~5%的食盐水洗浴10分钟即可。然后将其放入沟渠的浅水区，任其自由爬行。放虾苗时，人为操作要轻快，避免将盛虾容器直接倒入深水区。投放时间一般选择晴天的早晨或傍晚，即一天中气温和水温相对稳定的时候。

五、投喂饵料

小龙虾的饲料投喂与其养殖方法是一致的，可参照进行。林间沟渠范围狭小，投喂时要选好点，做到定点投喂。通常沿渠边的浅水区呈带状抛撒，或者每隔2米敷设1个投饵点，循环投喂。投饵量按沟渠中小龙虾的总体重的3%~8%计算，每天早晚各1次，每次投喂以在2~3小

时内摄食完最为合适。

六、调节水质

林间的浅水沟渠保持常年流水状态有利于小龙虾的高效养殖。对于静水水体，可以每 15~20 天换 1 次水，每次换水量为沟渠总蓄水量的 1/3。每隔 15 天左右泼洒 1 次生石灰水或漂白粉溶液对水体进行杀菌消毒，并且调节水质，这有利于小龙虾蜕壳。剂量为每次每亩用生石灰 10 千克或漂白粉 0.5 千克。适时追施发酵的有机粪肥，以及施用光合细菌、乳酸菌、EM 菌等微生物肥料，供水草生长和培养饵料生物，还可以起到调节水质的作用，对小龙虾生长十分有利。

　　保持浅水渠中的水位相对稳定，有利于环境保护，因为水位不稳定时虾掘洞较深，破会渠埂，并且影响小龙虾健康生长。

第十一章

第十二章 小龙虾饲料与营养

小龙虾的饲料要按照《无公害食品 渔用配合饲料安全限量》（NY 5072—2002）的要求，满足小龙虾的营养需要，确保质量安全。同时，还要提高饲料的利用率，并把饲料对环境的污染降到最低。

> 养殖水体中天然饵料的丰歉，是决定小龙虾产量和质量的关键因素。每亩 200 千克以上的高产池塘，除了水草丰富外，水体中的螺、蚬等饵料生物也是十分丰富的。注重施肥和用有益微生物调节水质，培育饵料生物，以人工颗粒饲料进行补充，还可以通过投饵来控制水草长势和动物饵料丰歉，保持生态系统的物质和能量始终处在一个平衡状态，这是小龙虾人工养殖的最高水平。

第一节 饲料营养与营养平衡

饲料（图 12-1）的能量及必需氨基酸、必需脂肪酸、碳水化合物、维生素及矿物质等营养的缺乏或不足均能影响饲料的营养平衡状况和饲料的利用率，从而影响小龙虾的生长和养殖效果。

一、能量的需要与平衡

能量由营养物质提供，能量不足或过高都会影响小龙虾的生长。设计配方必须要考虑到饲料中能量与蛋白质的平衡。当饲料中能量不足时，饲料中蛋白质就会作为能量被消耗殆尽；当饲料中能量过高时，就会降低小龙虾的摄食量，相应减少蛋白质或其他营养物质的摄入量，从而造成饲料浪费，也影响小龙虾的生长。

二、蛋白质的需要与平衡

蛋白质是维持小龙虾生命活动所必需的营养物质，其含量影响着饲

料的成本。一般认为小龙虾幼苗阶段，饲料中蛋白质含量应为40%，成虾阶段为28%~35%。值得注意的是，在饲料中添加适量的动物性蛋白质，能进一步促进小龙虾的生长，降低饲料系数。小龙虾对蛋白质的需求实质上是对氨基酸的需求，尤其是对必需氨基酸的需求。当饲料蛋白质中氨基酸的组成比例与小龙虾蛋白质中氨基酸的组成较为一致时，小龙虾就会获得最佳生长效果。

三、脂肪和必需脂肪酸

饲料中的脂肪既是能量的来源，又是必需脂肪酸的来源，同时脂肪还能促进脂溶性维生素的

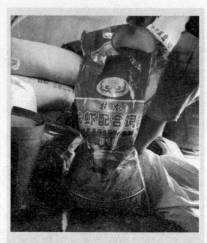

图 12-1　小龙虾专用饲料

吸收，因此在饲料配制中要突出其地位。一般脂肪含量为：成虾料3%，幼虾料5%。当脂肪含量增加到8%以上时，小龙虾的生长率反而下降，并出现脂肪肝病。

四、碳水化合物

碳水化合物是饲料中廉价的能源，如能充分合理地利用碳水化合物，则能大大降低饲料成本。应当指出的是，小龙虾对碳水化合物的利用远不如其他鱼类，饲料中过量的碳水化合物将会积累在肝脏中，导致小龙虾肝脏损坏，形成脂肪肝。但是在饲料中适当添加维生素，即便饲料中碳水化合物的含量达到50%，小龙虾的肝脏也是正常的，仍能维持其正常生长。一般认为，小龙虾饲料中碳水化合物的适宜含量为25%~30%。

五、维生素和矿物质

维生素是维持小龙虾身体健康，促进小龙虾生长发育和调节生理机能所必需的一类营养元素。饲料中如果长期缺乏维生素，将导致小龙虾代谢障碍，严重时将出现维生素缺乏症。

矿物质是维持小龙虾生命所必需的物质，包括常量元素和微量元素，由于小龙虾能够从水体中摄取部分矿物元素，就导致人们在设计饲

第十二章

料配方时容易忽视矿物质的重要性。近年来，小龙虾因无机盐缺乏导致生长缓慢的案例时有发生，很显然在饲料中添加矿物质是很有必要的。

第二节 饲料评价与选择

小龙虾养殖要求饲料新鲜、营养丰富、大小适口，并在饲料台上投喂饲料。投喂小龙虾的方式与投喂鱼类相同，上、下午各投喂 1 次。天气晴，适宜水温为 21~28℃，水质好，并且小龙虾个体大，吃食旺，饲料可适当多投，否则应酌情减少。

小龙虾饲料种类很多，主要有以下几种：

一、配合饲料

配合饲料主要有粉状料、糖化发酵饲料、膨化饲料、颗粒饲料、微囊颗粒浮性饲料等。投喂配合饲料是规模化养殖小龙虾的最佳选择。其优点是饲料利用率高，对水体造成的污染小。近年来养殖试验也证明了配合饲料适合高密度集约化养殖小龙虾。要求配合饲料中的蛋白质含量较高，一般在 30%~40%，适口性好，而且由于小龙虾嘴小，要便于摄食。

二、动物性饲料

动物性饲料主要有浮游动物、动物活饵料及动物下脚料（如动物内脏）等；人工养殖时投喂的鲜活饵料包括蚯蚓、蚕蛹、蝇蛆、河蚌、螺蚬类、黄粉虫、小杂鱼及白鲢肉糜，这些饲料适口性好，蛋白质含量较高，营养成分全面，饲料转化率高，小龙虾能很快形成摄食习惯，但数量有限，无法长期稳定供应，尤其是大规模养殖时，这一对供需矛盾更加突出。

蚯蚓是小龙虾最喜食的饲料，干体蛋白质含量达 61%，接近鱼粉和蚕蛹。这些饲料的共同点是蛋白质含量高，营养丰富，有利于小龙虾的生长发育，是网箱养鳅的最佳饲料。

三、植物性饲料

植物性饲料主要有谷类，如麦粉、玉米粉、米糠、豆渣等。投喂一定量的富含纤维素的植物性饲料，有利于促进小龙虾的肠道蠕动，提高其摄食强度和饲料利用率。通常在配合饲料中添加一定量的麦粉（同时又是黏合剂）、玉米粉、麸、糠和豆渣等。

四、灯光诱虫

根据小龙虾的生活习性，昆虫及其幼虫也是很好的饵料。昆虫及其

幼虫蛋白质含量高，来源广，易得性好，用来养殖小龙虾或作为小龙虾的补充饲料源，具有成本低、效果好的特点，可广泛采用。

灯光诱虫主要是指黑光灯诱虫。黑光灯是一种特制的气体放电灯，它发出 3300~4000 纳米的紫外光波，这是人类不敏感的光，所以把这种光制作的灯叫作黑光灯。黑光灯放射出的紫外线，农业害虫正好有很强的趋光性，所以被广泛用于农业。

第三节 颗粒饲料生产

一、饲料配方

生产颗粒饲料的一项重要工作就是按无公害养殖要求，对所选原料的质量进行控制。质量控制的主要指标是有效营养成分和消化率。原料的选择应以最低的成本满足营养需求。鱼粉用在饵料中，其主要目的是平衡植物性蛋白质中的氨基酸。小麦的副产品、玉米和其他淀粉原料用于饵料中以提高颗粒牢度、水中稳定性和提供能量。小龙虾人工配合饲料配方举例：

配方 1：豆饼 30%，蚕蛹粉 10%，菜籽饼 5%，蚯蚓浆 15%，熟大豆粉 20%，淀粉 15%，其他 5%。

配方 2：蚕蛹粉 10%，啤酒酵母 10%，豆饼 32%，菜籽饼 5%，羽毛粉 12%，肉骨粉 4%，黏合剂 15%，蚯蚓浆 10.6%，赖氨酸 1.4%。

配方 3：豆粕 32%，鱼粉 30%，淀粉 20%，酵母粉 4%，谷朊粉 4%，豆粕 4%，矿物质 1%，添加剂 1%，其他 4%。

配方 4：鱼粉 31.5%，豆粕 26.5%，麸皮 6.6%，面粉 5%，豆油 3.9%，鱼油 3.9%，糊精 5.0%，纤维素 9.6%，复合维生素 2%，复合矿物质 4%，黏合剂 2%。

配方 5：鱼粉 35.3%，豆粕 29.9%，麸皮 3.4%，面粉 5%，豆油 0.7%，鱼油 0.7%，糊精 8.0%，纤维素 9.8%，复合维生素 2%，复合矿物质 4%，黏合剂 2%。

饲养人员也可根据当地易得原料按饲料中蛋白质含量为 28%~36%、脂肪含量为 3%~5% 来进行配比即可。

二、膨化饲料加工

各种原料被粉碎得越细越好，一般通过 80 目筛的超微粉碎来满足细度的要求。原料的颗粒越细，消化率、制粒牢度和水中稳定性就越高。

对饲料添加剂应先进行预混，做成添加量为 4%～5% 的混合物，然后再把它混入到饵料中，以保持一定的均匀度。对矿物质预粉料，可在原料粉碎前加入，而维生素预粉料则应在原料粉碎后进行搅拌混合时加入，这样做的目的是减少维生素在加工受热过程中的损失。膨化饲料的造粒过程是先将约 100℃ 的蒸汽或水加入粉料使之含水量达到 25%，再使热粉料穿过膨化机圆桶，在增温约 140℃ 和 6 千克/米² 的压力下被送于压模装置，然后压力迅速下降，超热水分蒸发导致颗粒扩张（制粒），膨化后油脂被立刻喷在颗粒的表面，以保证颗粒表面光滑。这时，颗粒饲料再一次被送往加热的通道蒸发，将其含水量降至 10% 以下，最后被冷却至常温而成干化颗粒饲料。粒径要适合小龙虾的口径变化，一般为 1～3 毫米，这样才便于小龙虾摄食，否则，就会因饲料适口性差而造成浪费。

三、配合饲料质量鉴别

小龙虾配合饲料的品牌目前市场上出现繁多，质量良莠不齐，而质量的好坏又直接影响到小龙虾的生长、病害防治及水质控制和饲养成本，所以如何选择小龙虾配合饲料就显得十分重要，如图 12-2 所示。

下面介绍几种挑选饲料的方法：

1. 从饲料的理化性状辨别

颗粒应均匀、表面光滑、浮水性好、色泽均匀。如果饲料颗粒不均匀，会影响小龙虾摄食，浪费饲料，污染水质，降低小龙虾成活率。如果饲料颗粒切面不光滑或留有棱角，也会影响小龙虾摄食，严重者会损伤其肠道，引发疾病。

（1）膨化程度 对于饲料膨化度，可以从颗粒饲料外表孔隙来辨别质量。如果表面孔隙较多，表明饲料膨化过熟，饲料中营养流失较

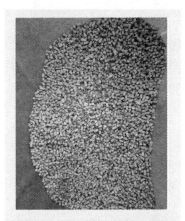

图 12-2 自制小龙虾配合饲料

多，使得饲料中营养不均衡，影响小龙虾生长并易暴发疾病。

（2）颗粒气味 质量高的饲料主要使用进口优质鱼粉，鱼粉味道清香。不新鲜或质量差的鱼粉，有腐败鱼腥味。

（3）蛋白质成分　饲料的粗蛋白质分动物性蛋白质和植物性蛋白质，小龙虾对动物性蛋白质消化吸收利用高，而对植物性蛋白质则消化吸收利用低，有些饲料虽然标示的粗蛋白质含量高，而动物性蛋白质含量有可能偏低，这也影响饲料的质量。

2. 从饲养的效果辨别

从饲料优劣看饲料成本，饲料成本=饲料系数×价格。价格高低对饲养成本有影响，但关键在饲料系数。

饲料系数是指在同等条件下，即同一生长期、同等密度、同等规格、同等喂养的情况下，使用不同的饲料，经过 1 个月的饲养，测定小龙虾体重增长数量，计算出不同的饲料系数，再根据其饲料系数和价格来认定饲料质量的优劣。

3. 看饲料的适口性

饲料适口性好，可减少浪费，增强小龙虾的食欲，缩短养殖周期。总体上看，优质配合饲料都具有如下特点：采用优质鱼粉作为主要原料，配方先进，氨基酸保持平衡，适口性好，小龙虾吃后生长速度快，饲料系数低，经济效益好。

四、配合饲料安全要求

配合饲料所用的原料应符合原料标准的规定，不得使用受潮、发霉、生虫、腐败变质及受到石油、农药、有害金属等污染的原料。其安全卫生指标应遵照《无公害食品　渔用配合饲料安全限量》（NY 5072—2002）之规定执行。

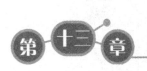

小龙虾的捕捞、运输与品质改良

第一节　小龙虾的捕捞

　　小龙虾生长速度较快，投放规格为 2~3 厘米的小龙虾，在饲料充足的情况下，经过 1~2 个月的饲养，成虾个体达 30 克以上时，即可捕捞上市。在前面所述的内容里，也分别介绍了捕捞方法，这里主要介绍各种渔具的捕捞原理和规模化生产的技能和方法。小龙虾在池塘中可用拉网捕捞，还可利用其喜在夜间昏暗时活动的习性，采用笼捕、敷网捕、张网捕、袋捕、药物驱捕等方法捕捞。在稻田中主要以笼捕为主。

一、地笼捕捞

　　捕小龙虾最为有效的方法就是在池塘或稻田中设置地笼。地笼是一种专门用来捕捞虾、蟹的工具，如图 13-1 所示。选用直径为 4~6 毫米的钢筋，加工制成边长为 400 毫米的正方形框架，每 500 毫米为 1 节，用纲绳连接起来，外面再用孔径为 2 厘米左右的聚乙烯网布包缠，两端制成长袋形的网兜，上端用乙烯网布做成宽 10 厘米的沿边，起导引作用，下端装有石沉子。地笼每节上设 2 个有须门的进口，每相连两节之间也设有一个须门进口，使鱼、虾等只能进不能出。地笼的长度为 20~40 节，总长为 10~20 米。

　　利用小龙虾贪食的习性，在捕捞前适当停食 1~2 天，捕捞时在地笼中适当加入腥味重的鱼、鸡肠等，引诱小龙虾进入地笼。当地笼下好后，可适当进行微流水刺激，保持一定的水流，增加小龙虾活动量，促使其扩大活动范围，可起到提高捕捞量的效果。一般每亩水面放置 1~2 个地笼，每 4~5 天换一个地方或方向，这种方法适宜捕大留小。地笼是定置渔具，可以常年捕捞。将地笼置于稻田、池塘、湖泊等养殖水域，每天早晨倒出网兜中的小龙虾，取大放小。如果地笼网兜中小龙

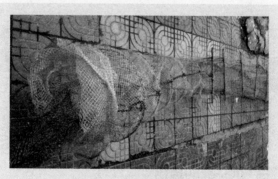

图 13-1　双层囊兜地笼

虾过多，可每 10~12 小时取 1 次，以防网兜中小龙虾因密度过大窒息而死。每隔 10~15 天将地笼取出水面，在阳光下晾晒 1~2 天，防止青苔封闭网目。

二、须笼捕捞

须笼是一种专门用来捕捞小龙虾的工具，它与黄鳝笼很相似，是用竹篾编成的，长 30 厘米左右，直径约为 10 厘米。一端为锥形的漏斗状，占全长的 1/3，漏斗的口径为 2~3 厘米。

现在使用的须笼已经做了很大的革新。材料改为聚乙烯网片和铁丝，规模比黄鳝笼大多了，如图 13-2 所示。在小龙虾入冬休眠以外的季节笼捕均可，但以水温在 18~30℃ 时捕捞效果较好。捕捞时，先在须笼中放上有引诱香味的鱼粉团和用炒米糠、麦麸等做成的饵料团，或者煮熟的鱼、肉等，将须笼放入池底，待 1 小时后，取出须笼收获 1 次。提取须笼时，要先收拢袋口，以免小龙虾逃逸，而后解开袋子的尾部，倒小龙虾于容器中，如图 13-3 所示。如果在作业前停食一天，作业时间安排在晚上，则效果会更好。采用这种捕捞方法，每亩虾池放置 10~20 个须笼，连捕 3 个晚上，起捕率可达 60%~80%。另外，也可利用小龙虾的溯水习性进行冲水捕捞。捕捞时，须笼内无须放诱饵，将须笼敷设在进水口处，须笼口顺水流方向，小龙虾溯水时就会顺利游入笼内而被捕获。一般经 1 小时可收获 1 次。捕捞完毕，取出小龙虾，重新布笼进行下一轮作业。

图 13-2　须笼捕捞

三、大拉网捕捞

在春夏之交和中秋，小龙虾摄食旺盛季节，可用捕捞四大家鱼苗、鱼种的池塘拉网，或用较柔软的锦纶线专门编织起来的拉网扦捕池塘养殖的小龙虾。作业时，先清除水中的障碍物，尤其是专门设置的食场木桩等，第一网起捕率可达 60%。如果在下网前 10 分钟将鱼粉或炒米糠、麦麸等香味浓厚的饵料做成团状的软性饵料放入食场作为诱饵，等小龙

图 13-3　须笼捕捞后收获

虾上食场摄食时下网快速扦捕小龙虾，起捕率更高。经过 1~2 网的捕捞，剩下的小龙虾只有 20%~30%，再采用地笼捕捞，起捕率可达 80% 左右。

四、干塘捕捉

池塘排干水捕捉小龙虾，一般在小龙虾吃食量较少，并且未进洞越冬时的秋天进行。或者用上述几种方法捕捞还有剩余时，只好采取干塘捕捉小龙虾的方法。具体方法是先将池水排干，然后根据成虾池的大小，在池底开挖几条宽 40 厘米，深 25~30 厘米的排水沟，在排水沟附近挖坑，使池底泥面无水，仅沟、坑内积水，小龙虾会聚集到沟坑内，即可

用抄网捕捞。若遇虾池面积大或小龙虾钻到泥中难以捕尽，则可再进水淹没池底过夜，至第二天清晨，再一次放浅池水，重复捕1~2次，可基本上捕尽。稻田排干水捕捉小龙虾，一般在深秋水稻成熟时，或者收割之后进行。稻田内的水可分两次缓慢排干，第一次排水让稻田表面露出，小龙虾则会游到鱼沟或鱼溜内栖息。第二次排水是在第一次排水后1~2天进行，主要排放鱼沟、鱼溜中的水。当小龙虾集中在鱼溜、鱼沟时，用抄网将其捕起放入容器中，最后可徒手翻动淤泥捕尽稻田中剩余的小龙虾。

第二节 小龙虾的运输

一、运输工具

运输工具主要有塑料筐、泡沫箱和氧气袋，其次是渔船、运输车。

二、运输前的准备

在运输前，对不同规格的小龙虾进行人工分拣，如图 13-4 所示。要准备好运输工具和交通工具。选用运输工具应根据运输距离长短来确定，有虾筐、泡沫箱、活鱼车厢等，交通工具多选用空调运输车，如图 13-5 所示。

用空调车运输成虾

图 13-4 小龙虾分拣操作台

图 13-5 空调车运输

三、运输方式

1. 干法运输

干法运输适于运输个体较大的幼虾和成虾，运输时可减少虾与虾之间的挤压、争斗，而且所占体积小，便于搬运，成活率可达95%以上。装运时，要在容器的底部铺垫一层较为湿润的水草（图13-6），以防虾体被摩擦损伤，并且保持虾体湿润。

每个容器所装小龙虾的数量不宜太多，以防小龙虾被压死、闷死。一般幼虾以堆积3~4层为宜，成虾以堆积25~30厘米高为宜。如果篓或筐较深，可加板分层，板上要打眼，使之能漏水。运输途中，每隔3~4小时，用清洁的水喷淋1次，以确保虾体具有一定的湿润性。夏季高温运输时，还要注意降温，一般在容器中放些冰

图 13-6　虾筐铺垫水草

块效果较好，每个 0.5 米³ 的塑料箱中放置 500~1000 克冰块即可，如图 13-7所示。

图 13-7　泡沫箱和运虾筐

用于投放到水体内养殖的幼虾，运输时间不能太长，一般不超过5小时。运输过程中还要减少阳光的直射。成虾的运输时间最好不超过24小时，运输过程中车辆不能停顿，还要防止风吹、日晒、雨淋。

运输过程中，如果发现小龙虾在水中不停乱窜，有时浮在水面，不断呼出小气泡，表明容器中的水质已变坏，应立即更换新水，每半小时换水1次，连续换水2~3次。换水时，最好选择与原虾池中水质相近的水，尽量不要选用泉水、被污染的水、井水或温差较大的水。

如果运程超过1天，每隔4~5小时将小龙虾翻动1次，将长时间沉入容器底部的小龙虾翻回上层，防止其缺氧致死。为了确保运输成功，最好在运输24小时后，按2000单位/升水的比例在容器中加放青霉素，以防损伤感染。

带水运输还可采用机帆船船舱装运，这种方法运量较大，可将虾与水按1∶1的比例混合后运输，运输时也要勤换新水和翻动虾体。

2. 尼龙袋充氧法

尼龙袋充氧法主要适用于人工繁育的虾苗运输。所用尼龙袋为装运鱼苗的尼龙袋。

人工繁殖的幼虾培育到2厘米后，可直接装入尼龙袋充氧运输，每袋可装1万尾。要在袋中放入水花生的枝叶让小龙虾攀爬，以免小龙虾堆积袋底导致死亡。

第三节 小龙虾品质改良

谈到水产动物的品质，一般是指营养成分、个体大小、食品味道和个体观感等。这里所讲的小龙虾品质主要是指它的体色、个体大小。

一、个体变小的原因

1. 品种退化

小龙虾品种退化、个体偏小是目前养虾生产中共同存在的突出问题。在养殖过程中，养殖户不注重品种的选育、选优，均采取自繁自养的方式，捕大留小，将个体比较小的小龙虾，体弱、体差、病态的小龙虾留塘作为种虾来繁殖仔虾，导致近亲繁殖较为严重，造成品种退化，导致个体变小，这是主要原因之一。

2. 环境恶化

由于水源污染，造成水体缺氧。此时，小龙虾会产生一种应激反应，导致小龙虾体色变红，较长时间不蜕壳，造成"少年老成"。其次，虾池中缺少适宜的水草隐蔽物，使小龙虾不能顺利蜕壳。

3. 病害阻碍小龙虾蜕壳

小龙虾一生要经过多次蜕壳才能正常生长。在养殖生产中，由于纤毛虫、黑鳃、烂鳃等病害困扰，使其不能顺利蜕壳，错过蜕壳的最佳时机，从而导致小龙虾蜕壳次数减少，个体变小，降低了小龙虾的品质和经济效益。

二、提高品质的对策

1. 种虾来源广

用于繁殖的雌、雄个体，应采取异地或不同塘口交换选择的办法，避免近亲交配繁殖仔虾。

2. 科学投喂

合理搭配，减少动物性饵料的投喂量，配合饲料的蛋白质含量以28%左右为宜，坚持"四看""四定"的投饵原则。

3. 移植动植物

移植水草，放养螺蚬。水草种植以苦草、轮叶黑藻、伊乐藻、水花生等为主，水草覆盖面不得超过虾池水面积的50%，同时还可适当投放一些活螺蛳。水草既是小龙虾的食物，又可以为其提供隐蔽安全的栖息、活动场所。

4. 调节水质

勤换水，添加新水。养殖生产中，坚持7～10天冲水或换水1次。水源水质清新，溶氧量高，无污染。常换水或添加新水有利于小龙虾蜕壳生长。同时，每隔10～15天用EM菌、芽孢杆菌等生物制剂全池泼洒进行改水，用底净宝、沸石粉等泼洒进行改底。

5. 提升品质

在受污染水域中养殖的小龙虾，其体色乌黑、四肢和腹部附着泥垢，做成食品后带有特殊的土腥味。对于这样的小龙虾，可以将其移入水质较好的湖泊网箱或水泥池暂养20～30天，或者使用低温井水饲养3～5天，投喂人工饲料，可以在较短时间改变小龙虾的颜色，使其变为正常的深红色，提升其品质。

低温井水暂养，以提升小龙虾品质

6. 预防疾病

积极做好病害防治，坚持"以防为主，防治结合"的原则，采取健康养殖的方式，减少病害的发生，促进小龙虾蜕壳生长，是提升小龙虾品质的重要措施。多用中草药预防疾病，慎用抗生素和磺胺类药物，减少食品中的药物残留。长期以来，预防和治疗水产养殖动物疾病的传统方法都是通过大量使用抗生素、化学药品、农药类等来实现的。虽然它们对水产养殖动物的疾病有一定的疗效，但同时也会带来病原体对抗生素产生抗药性、药物在水产品中残留及农药对环境的影响等问题。而中草药作为天然物质，可谓是绿色药物，其具有低毒、高效、抗药性不显著、资源丰富、性能多样、价格便宜等特点，民间用于防治水产养殖动物疾病有着悠久的历史。渔业生产实践也证明，中草药作为饲料添加剂尤其适用于当前水产养殖业的集约化、规模化生产的需要，适用于鱼虾类群体疾病防治。中草药不但可以解决化学物质、药品引发的水产品药物残留和耐药性问题，对发展无公害水产养殖生产、生产绿色水产品更为重要。研究发现，中草药对于化学药物、抗生素难以治疗的营养性疾病、代谢性病害及毒理性病害具有独特的功效。

第十四章 小龙虾病害防治

小龙虾抗疾病、抗污染能力比鱼类强，尤其是在稻田环境中饲养，发病的概率较低，只要养殖者在日常的饲养过程中做好小龙虾病害预防工作，就可以大大减少虾病发生，并且降低养殖成本。虾病的发生是病原体、环境因素和人为因素三者相互作用的结果。虾病防治的关键是要坚持"无病先防、有病早治、以防为主、防治结合"的方针，只有从提高虾体质、改善和优化环境、切断病原体传播途径等方面着手，推广健康养殖模式和开展综合防治，才能达到虾病防重于治的目的。

第一节 疾病诊断与发病原因

常见虾病的发病部位表现在体表、附肢和头胸甲内，目检能直接看到小龙虾的病状和寄生虫情况。但为了诊断准确，还要深入现场观察。

一、现场调查

对于饲养了患病小龙虾的水体，进行水质理化指标检测，包括溶氧量、氨氮含量、硫化氢含量、pH 等指标。对养殖环境、虾苗来源、水源、发病历史与过程、死亡率、用药情况等进行现场调查与分析，归纳分析可能的致病原因，排除非病原生物致病因素。

二、体表检查

已患疾病的小龙虾，体质明显瘦弱，并且体色变黑，活动缓慢，有时群集一团，有时乱窜不安，这可能是寄生虫的侵袭或水中含有危害物质所引起的。及时从虾池中捞出濒死病虾或刚死不久的病虾，按顺序从头胸甲、腹部、尾部及螯足、步足、附肢等仔细观察。从体表上很容易看到一些大型病原体。如果是小型病原体，则需要借助显微镜进行镜检。

三、实验室诊断

对于肉眼或显微镜无法诊断的病虾样本，可冰上保存后送至专业实验室进行实验室内的诊断，借助现代生物学研究设备与诊断技术进行小龙虾疾病诊断。

四、发病原因

1. 病原

（1）病毒　研究表明，小龙虾体内存在着多种病毒，部分病毒可以导致小龙虾较高的死亡率。已见报道的从小龙虾体内发现的病毒有脱氧核糖核酸、类病毒、核糖核酸病毒等大类，部分种类的病毒在虾体内广泛存在。例如，通常100%的小龙虾都可能携带有贵族螯虾杆状病毒。有些病毒可能对小龙虾具有致病性，如寄生于小龙虾肠道的核内杆状病毒就可能具有高致病性。在恶劣的养殖环境下，即使毒力比较低的病原生物也可能引起小龙虾的疾病发生，或者给其正常的生长带来障碍。

近几年，我国湖北、浙江等地相继出现小龙虾大量死亡的案例，经诊断基本证实引起这些小龙虾死亡的病原体为对虾白斑综合征病毒。有人试验将病毒感染的对虾组织饲喂给小龙虾，发现可以经口将对虾白斑综合征病毒病传染给小龙虾，并导致小龙虾患病毒病死亡，死亡率可高达90%以上。

（2）细菌　细菌性疾病通常被认为是小龙虾次要的或与养殖环境恶化有关的一类疾病，因为大多数细菌只有在池水养殖环境恶化的条件下才能增强其致病性，从而导致小龙虾各种细菌性疾病的发生。

细菌性疾病主要有菌血症、细菌性肠道病、细菌性甲壳溃疡病、烂鳃病等。

（3）立克次氏体　已经报道的在小龙虾体内发现的立克次氏体有两种类型：一种是在虾体内全身分布的，最近被命名为的小龙虾立克次氏体，这已经被证明与小龙虾的大量死亡相关。

（4）真菌　真菌是小龙虾经常报道的最重要的病原生物之一。螯虾瘟疫就是由这类病原生物所引起的疾病。某些种类的真菌还能够引起小龙虾发生另外一些疾病。

同细菌引发的病害相似，真菌引起小龙虾发病也与养殖环境恶化有关。可以通过采用改善养殖水体水质的措施，达到有效控制致病真菌蔓延的目的。

真菌所引起的疾病主要有虾瘟疫和甲壳溃疡病（褐斑病）。

（5）寄生虫　寄生虫分为原生动物和后生动物。

从小龙虾体内发现的原生动物主要包括微孢子虫病原、胶孢子虫病原、四膜虫病原和离口虫病原，它们通过寄生或外部感染的方式使虾得病。寄生在虾体内的这些原生动物能否使虾得病取决于虾所处的环境，可以通过改善环境的措施，如换水或减少养殖水体中有机物负荷来达到有效控制原生动物病的目的。

寄生在虾体内的后生动物包括复殖类（吸虫）、绦虫类（绦虫）、线虫类（蛔虫）和棘头虫类（新棘虫）等蠕虫。大多数寄生的后生动物对小龙虾的健康影响并不大，但大量寄生时可能导致小龙虾的器官功能紊乱。

2. 养殖环境恶化

（1）水质恶化　养殖水体中各种藻类因光照不足，以及泥土、污物等流入，引起其生长不旺盛，水体自净能力下降，部分藻类因长时间光照不足及泥土的絮凝作用而下沉死亡，在微生物作用下进行厌氧分解，产生氨、亚硝酸盐、硫化氢等有害物质，使水体中这些有害物质浓度上升，超过一定浓度，会使养殖的小龙虾发生慢性或急性中毒，正在蜕壳或刚完成蜕壳的小龙虾容易死亡。

如未能恰当地进行水质调节，导致水质恶化；平时没有进行正常的疾病预防，病后乱用药物；发病后未能做到准确诊断和必要的隔离；病死虾未及时处理，未感染的小龙虾由于摄食病虾尸体而被传染，这些都能导致疾病的发生或发展。

（2）重金属污染　小龙虾对环境中的重金属具有天然的富集功能。这些重金属通常从肝胰脏和鳃部进入体内，并且相当大量的重金属尤其是铁存在于小龙虾的肝胰脏中。在上皮组织内含物中也存在大量的铁，甚至可能严重影响肝胰脏的正常功能。养殖水体中高水平的铁是小龙虾体内铁的主要来源，肝胰脏内铁的大量富集可能对小龙虾的健康造成影响。

尽管小龙虾对重金属具有一定的耐受性，但是一旦养殖水体中的重金属含量超过了小龙虾的耐受限度，也会最终导致小龙虾中毒身亡。工业污水中的汞、铜、锌、铅等重金属元素含量超标是引起小龙虾重金属中毒的主要原因。

稻田养虾因一次性使用化肥（碳酸氢铵、氯化钾等）过量，可引起小龙虾中毒。中毒症状为小龙虾起初不安，随后狂烈倒游或在水面上蹦跳，活动无力时随即静卧池底而死。

养虾稻田用药或用药稻田的水源进入虾池，药物浓度达到一定量时，会导致小龙虾急性中毒。症状为小龙虾竭力上爬，吐泡沫或上岸静卧，或者静卧在水生植物上，或者在水中翻动后立即死亡。

3. 其他因素

大多数发病水体存在着未及时进行捕捞，留存虾密度很高，水草少，淤泥多等情况。此外，养殖水体中的低溶氧或溶氧过饱和均可导致小龙虾缺氧（严重时窒息死亡）。概括起来有以下几点：

（1）清塘消毒不当　放养前，虾池清整不彻底，腐殖质过多，使水质恶化；放养时，虾种体表没有进行严格消毒；放养后没有及时对虾体和水体进行消毒，这些都给病原体的繁殖与感染创造了条件。引种时未进行消毒，可能把病原体带入虾池，在环境条件适宜时，病原体迅速繁殖，部分体弱的小龙虾就容易患病。刚建的新虾池，未用清水浸泡一段时间就放水养虾，可能使小龙虾对水体不适而患病。

（2）饲料投喂不当　小龙虾喜食新鲜饲料，饵料不清洁或腐烂变质，或者盲目过量投饵，加之不定时排污，都会造成虾池中残饵及粪便排泄物过多，引起水质恶化，给病原菌创造繁衍条件，导致小龙虾发病。此外，饵料中某种营养物质缺乏也可导致营养性障碍，甚至引起小龙虾身体颜色变异，如小龙虾由于日粮中缺乏类胡萝卜素就可能出现机体苍白现象。

（3）放养规格不当　若苗种规格不整齐，加之池塘本身放养密度过大、投饵不足，则会造成大虾与小虾相互斗殴而致伤，为病原菌进入虾体打开"缺口"。

第二节　防治措施

一、生态预防

1）选择适宜的养殖地点。养殖地点要求地势平缓，以黏性土质为佳。建造的池塘坡比为1:1.5，水深达1.0~1.8米。水源要求无污染，pH为6.5~8.5，水体总碱度不要低于50毫克/升。为保证有足够的地方供种虾掘洞，同时也要进、排水方便，面积比较大的水域可在池中间构筑多道池埂，所筑之埂，有一端不与池埂连接，使之相通，不阻隔小龙虾的活动与觅食。这样，在养殖密度较高时，通过一个注水口即可使整个池水处于微循环状态，便于管理。

2）种植或移植水草。池塘种植水草的种类主要是轮叶黑藻、伊乐藻、苦草等水草，可以2种水草兼种，即轮叶黑藻和苦草或者伊乐藻和苦草兼种。水草覆盖面积为池塘面积的2/3。如果因小龙虾吃光水草或其他原因水草被破坏，应及时移植水花生、凤眼莲等。

3）水质调节。注意水体水质的变化，勿使水质过肥，经常加注新水，保持水质肥、活、嫩、爽。

二、免疫预防

目前，关于水产甲壳动物的机体防御机制尚未完全明确，能准确把握甲壳动物健康状态的科学方法也尚待确立，这给确立水产甲壳动物的免疫防疫对策造成了一定的障碍。

近年来，面对世界各地水产养殖甲壳动物各种疾病的频发，人们逐渐意识到了解水产甲壳动物的各种疾病及阐明对这些疾病的机体防御机能的重要性。

现有的资料表明，甲壳动物的机体防御系统与脊椎动物一样，主要包括细胞和体液因子。由于一部分体液因子是在细胞内产生并储藏在细胞内发挥作用的，所以将这两种免疫防御因子严格区分是很困难的。免疫细胞主要是介导血细胞和固着性细胞的吞噬活性，以及由血细胞产生的包围化及结节形成现象；体液因子主要介导酚氧化酶前体活化系统、植物凝血素和杀菌素等。

三、药物预防

药物预防是对生态预防和免疫预防的应急性补充预防措施，原则上对水产动物疾病的预防是不能依赖药物的。这是因为除了部分消毒剂外，采用任何药物预防水产动物的疾病，都有可能污染养殖水体或导致病生物产生耐药性。因此，采用药物预防水产动物疾病只是在不得已的情况下采取的措施。

采用消毒剂对养殖水体和工具，水产动物的苗种、饲料及食场等进行消毒处理，目的就在于消灭各种有害微生物，为水产动物营造出卫生而又安全的生活环境。

常用药物预防有以下 3 种方式：

（1）外用药物预防　泼洒聚维酮碘、季铵盐络合碘或单元包装二氧化氯，每 10 天泼洒 1 次，可交替使用，剂量参照商品说明书。

（2）免疫促进剂预防　对于没有发病的小龙虾，饲料中添加免疫促进剂进行预防，如 β-葡聚糖、壳聚糖、多种维生素合剂等，可提高小龙虾的抗病力。

（3）内服药物预防　每 15 天可以用中草药（如板蓝根、大黄、鱼腥草混合剂，等比例分配药量）进行预防。中草药需要煮水拌饲料投喂，使用剂量为每千克虾或蟹用 0.6~0.8 克，连续投喂 4~5 天。如果事先将中草药粉碎混匀，在临用前用开水浸泡 20~30 分钟，然后连同药物粉末一起拌饲料投喂则效果更佳。中草药种类繁多，结构复杂，成分多样。研究表明，中草药不但含有大量的生物碱、挥发油、苷类、有机酸、鞣质、多糖、多种免疫活性物质和一些未知的促生长活性物质，而且还含有一定量的蛋白质、氨基酸、糖类、矿物质、维生素、油脂、植物色素等营养物质。这些成分可以促进动物机体的新陈代谢和蛋白质、酶的合成，从而加速水产动物的生长发育，提高免疫力，增强体质，降低疾病发生率和死亡率。

1）大黄。抗菌作用强，抗菌广谱，有收敛、增加血小板、促进血液凝固及抗肝瘤作用。用于防治草鱼出血病、细菌性烂鳃病、白头白嘴病及抗肝瘤病等。

2）五倍子。有收敛作用，能使皮肤黏膜、溃疡等局部的蛋白质凝固；能加速血液凝固而达到止血作用；能沉淀生物碱，对生物碱中毒有解毒作用。抗菌谱广，作为水产动物细菌性疾病的外用药。

3）辣蓼。抗菌谱广，用于防治细菌性肠炎病。

4）穿心莲。有解毒、消肿止痛、抑菌止泻及促进白细胞吞噬细菌功能。药用全草，防治细菌性肠炎病。

5）地锦草。有很强的抑菌作用，抗菌谱很广，并有止血和中和毒素的作用。药用全草，用于防治细菌性肠炎病和细菌性烂鳃病。

6）大蒜。有止痢、杀菌、驱虫的作用。用于防治细菌性肠炎病。

7）楝树。含川楝素，有杀虫的作用。药用根、

药饵拌和

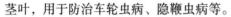

茎叶，用于防治车轮虫病、隐鞭虫病等。

8）铁苋菜。全草含铁苋菜碱，有止血、抗菌、止痢、解毒等功效。药用全草，防治细菌性肠炎病等。

第三节　主要疾病的诊断与防治

一、病毒性疾病

【病因】由病毒引起。

【症状】患病初期病虾螯足无力，行动迟缓，伏于水草表面或池塘四周浅水处。解剖后可见少量病虾有黑鳃现象，普遍表现肠道内无食物、肝胰脏肿大，偶尔见有出血症状（少数头胸甲外下缘有白色斑块），病虾头胸甲内有浅黄色积水。发病时间为每年的 4~5 月。主要流行于长江流域，多发于养殖密度过大的水体。该病害的发生与池塘水温增高有密切关系。

【预防】

（1）放养健康优质的虾种　选择健康、优质的虾种可以从源头上切断病毒的传播。

（2）控制合理的放养密度　放养密度过大，虾体互相刺伤，病原更易入侵虾体。此外，大量的排泄物、残饵和虾壳、浮游生物的尸体等不能及时分解和转化，会产生非离子氨、硫化氢等有毒物质，使溶解氧不足，虾体体质下降，抵抗病害能力减弱。

（3）定期改底　定期泼洒或机械喷洒生石灰溶液或使用微生物制剂，如光合细菌、EM 菌等，调节池塘水生态环境。在病害易发期间，用 0.2% 维生素 C+1% 的大蒜+2% 强力病毒康，加水溶解后用喷雾器喷在饲料上投喂。如果发现有虾发病，应及时将病虾隔离，控制病害进一步扩散。

【治疗】

1）用聚维酮碘全池泼洒，使水体中的药物量达到 0.3~0.5 毫克/升。

2）用季铵盐络合碘全池泼洒，使水体中的药物量达到 0.3~0.5 毫克/升。

3）采用二氧化氯 100 克溶解在 15 千克水中后，均匀泼洒在每亩（按平均水深 1 米计算）水体中。

4）聚维酮碘和二氧化氯可以交替使用，每种药物可连续使用 2 次，每次用药间隔 2 天。

二、黑鳃病

【病因】黑鳃病又称烂鳃病。水质污染严重，虾鳃受真菌感染所致。此外，饲料中缺乏维生素 C 也会引起黑鳃病。

【症状】鳃逐步变为褐色或浅褐色，直至全变黑，鳃萎缩（彩图 10）。患病的幼虾趋光性变弱，活动无力，多数在池底缓慢爬行，腹部卷曲，体色变白，不摄食。患病的成虾常浮出水面或依附水草露出水面，行动缓慢，不进洞穴，最后因呼吸困难而死亡。

【预防】

1）定期更换池塘底部污水，及时清除残饵和池内腐败物。

2）用 1 毫克/升漂白粉溶液全池泼洒，每天 1 次，连用 2~3 次。

3）用 0.1 毫克/升强氯精溶液全池泼洒 1 次。

4）用 0.3 毫克/升二氧化氯溶液或戊二醛溶液全池泼洒。

5）每 15~20 天用 EM 菌或乳酸菌进行全塘泼洒，定期改底、改善水质。

【治疗】

1）每千克饲料拌 1 克土霉素投喂，每天 1 次，连喂 3 天。

2）10 毫克/升亚甲基蓝全池泼洒 1 次。

3）0.3 毫克/升二氧化氯溶液或戊二醛溶液全池泼洒 1 次，第二天使用果酸或硫酸二氢钾改底。

4）用茶籽饼全池泼洒，使池水浓度达到 12~15 克/米³，刺激小龙虾蜕壳，再使用葡萄糖酸钙补能补钙。

三、烂尾病

【病因】小龙虾受伤、相互残杀或被几丁质分解细菌感染所致。

【症状】感染初期小龙虾尾部有水疱，边缘溃烂、坏死或残缺不全，随着病情的恶化，溃烂逐步由边缘向中间发展，感染严重时，小龙虾的整个尾部溃烂脱落（彩图 11）。

【预防】

1）运输和投放虾苗、虾种时，不要堆压和损伤虾体。

2）投饵料充足、均匀，在饲料观察台查看，及时调整投喂量。

3）每 15~20 天进行 1 次改底，并使用复合微生物菌剂改善水质，抑制有害菌数量。

【治疗】

1）用 15~20 毫克/升茶饼浸液全池泼洒。

2）每亩用生石灰 6~8 千克化水后全池泼洒。

3）用强氯精等消毒剂化水全池泼洒，病情严重的，连续泼洒 3 次，每次间隔 1 天。

4）用聚维酮碘（含 3% 活性碘），每亩 1 米深的水中用量为 70 毫升，效果好。

四、烂壳病

【病因】假单胞菌、气单胞菌、黏细菌、弧菌或黄杆菌感染所致虾壳几丁质分解。

【症状】感染初期小龙虾的虾壳上有明显的溃烂斑点，斑点呈灰白色，严重溃烂时呈黑色，斑点下陷，出现较大或较多的空洞，导致内部感染，甚至死亡（彩图 12）。

【预防】

1）运输虾苗时操作要细致，伤残虾苗不入池，苗种下塘前用 2% 食盐溶液消毒。

2）病虾用每升水加氟苯尼考 8 克（含原料粉 10%）浸泡 15 分钟。

3）平时操作小心，做到不伤及虾苗。

4）保持池水清洁，投饵充足。

【治疗】

1）先用 25 毫克/升生石灰溶液全池泼洒 1 次，3 天后再用 20 毫克/升生石灰溶液全池泼洒 1 次。

2）每升水中浸泡 15~20 毫克茶饼，然后全池泼洒。

3）每千克饵料用 3 克磺胺间甲氧嘧啶拌饵，每天 2 次，连用 7 天后停药 3 天，再投喂 3 天。

4）用碘制剂（含 10% 有效碘），每亩 1 米深的水中用量为 40 毫升，可有效治愈。

五、虾瘟病

【病因】由真菌引起。在高温季节水质恶化缺氧引发此病。

【症状】小龙虾的体表有黄色或褐色的斑点，附肢和眼柄的基部可发现真菌的丝状体，病原侵入虾体内部后，攻击其中枢神经系统，并迅

速损害运动神经。病虾表现为呆滞，活动性减弱或活动不正常，容易造成病虾大量死亡（彩图13）。

【预防】

1）保持水体正常水色和透明度。

2）适当控制放养密度。

3）冬季清淤，用药物改底。

4）平时注意使用微生物菌剂增加水体中的有益菌。

【治疗】

1）用0.3毫克/升强氯精溶液或戊二醛溶液全池泼洒。

2）用1毫克/升漂白粉溶液全池泼洒，每天1次，连用2~3天。

3）用10毫克/升亚甲基蓝全池泼洒。

4）每千克饲料中添加氟苯尼考0.8克（含原料粉10%）进行投喂，连续3天。

六、褐斑病

【病因】褐斑病又称为黑斑病。由于虾池池底水质变坏，弧菌和单胞菌大量滋长，虾体被感染所引发此病。

【症状】小龙虾体表、附肢、触角、尾扇等处出现黑色、褐色点状或斑块状溃疡，严重时病灶增大、腐烂，菌体可穿透甲壳进入软组织，使病灶部分粘连，阻碍其蜕壳生长，病虾体力减弱，或卧于池边，不久便陆续死亡。

【预防】

1）运输和投放虾苗、虾种时，应平摊操作，不可挤压虾体。

2）投饵料充足、均匀，拌入乳酸菌或EM菌，在饲料观察台查看，及时调整投喂量。

3）每15~20天进行一次改底，并使用EM菌、光合细菌、乳酸菌改善水质。

【治疗】

1）连续2天泼洒超碘季铵盐（强可101）0.2克/米³。同时，每千克饲料中添加氟苯尼考（含原料粉10%）0.5克，连续内服5天。

2）虾发病后，用1克/米³的聚维酮碘全池泼洒治疗。隔2天再重复用药1次。

七、软壳病

【病因】小龙虾体内缺钙。另外，光照不足、pH长期偏低、池底淤泥过厚、虾苗密度过大、长期投喂单一饲料，蜕壳后钙、磷转化困难，致使虾体不能利用钙、磷，导致甲壳硬度低（彩图 14）。

【症状】虾壳变软且薄，体色灰暗，病虾活动力差，觅食不积极，生长速度变缓，身体各部位协调能力差。

【预防】

1）冬季清淤，清除发臭的污泥。

2）使用富含氨基酸、多糖物质的高活性复合微生物产品肥水培藻，使饵料生物多样化。

3）放苗后每 20 天适时补充水体钙质。

4）控制放养密度，池内水草面积不超过池塘面积的 40%。

5）投饵多样化，用可溶性钙化物，如氯化钙、葡萄糖酸钙拌饵料。

【防治】

1）每月用 20 毫克/升生石灰溶液全池泼洒，补充水体中的钙。

2）用鱼骨粉拌新鲜豆渣或其他饲料投喂，每天 1 次，连用 7~10 天。

3）每隔半个月全池泼洒消水素（枯草杆菌）0.25 克/米^3。

4）饲料内添加 3%~5% 的蜕壳素，连续投喂 5~7 天。

八、肠炎病

【病因】由细菌引起的疾病。由于高温加速底质恶化，氨氮、硫化氢等有害物质增多，导致病原体大量滋生，小龙虾肠道内菌群失衡，有害细菌占据主体地位。高温容易使食物腐败，投喂不干净的食物或小龙虾摄食到池塘里已经腐败的食物，容易引起肠炎病。特别是遇到暴雨天气时，小龙虾不能适应大温差带来的应激，体内维生素急剧消耗，造成体质下降，抵抗力和免疫力下降，给了病原体侵袭的机会。

【症状】肠道无食物、有气泡，拨出肠道可见其呈蓝色，并伴肝脏萎缩，颜色发白、变浅，保护膜不清晰等症状（彩图 15）。发病初期，以大虾为主，逐渐感染到全池，发病快，死亡率高。病虾的主要表现为不进食或进食量很少，往水浅的地方、水草、岸边靠近，不怕惊扰，应激状态减退，趴在岸边，不得动弹，最终死亡。

【预防】

1）科学计算投喂量，在池中设置观察台，了解小龙虾的摄食情况。

2）泼洒聚维酮碘液全池消毒。

3）定期用生石灰或可溶性钙盐补钙（氯化钙、乳酸钙、葡萄糖酸

钙等）。

4）使用微生态制剂改底调水。

5）5月以后，定期用碘制剂杀灭弧菌，防止其大量繁殖。

【治疗】

1）内服大蒜素、三黄粉、恩诺沙星、阿莫西林拌饵投喂。

2）定期投喂维生素C、五黄散提高免疫力。

3）用EM菌、乳酸菌拌饵投喂，调节肠道中有益微生物种群。

九、蜕壳不遂

【病因】水体中钙、磷等微量元素不足，水温突变，水体透明度太低，水质不良、底质恶化，以及小龙虾营养不良，体质虚弱，乱用药物造成小龙虾生长迟缓，病虫害严重，都影响小龙虾蜕壳。

【症状】小龙虾的头胸部与腹部交界处出现裂缝，全身发黑（彩图16）。

【预防】

1）定期调节水质、改底。

2）每月用含氨基酸、免疫多糖、多维葡萄糖、葡萄糖酸钙、氯化钙及高活性复合菌剂全池泼洒，增强小龙虾的体质。

3）定期补充中微量元素。

【治疗】

1）饲料中拌入1‰~2‰蜕壳素或葡萄糖酸钙、氯化钙。

2）饲料中拌入骨粉、蛋壳粉等以增加其中的钙元素，对小龙虾进行补钙。

十、水肿病

【病因】小龙虾腹部受伤后感染嗜水气单胞菌。

【症状】病虾头胸部水肿，呈透明状。病虾匍匐池边草丛中，不吃不动，最后在池边浅水滩死亡（彩图17）。

【预防】

1）在肥水培藻过程中合理使用芽孢杆菌、乳酸菌、EM菌等，增加水体中有益微生物的含量，减少水体中有害微生物的繁育数量。

2）使用过硫酸氢钾改底，每亩用500克。

【治疗】

1）用五黄散拌饵，每千克小龙虾1.0克，连喂7天。

2）全池泼洒二溴海因，使池水浓度为 0.2 毫克/升。

十一、冻伤病

【病因】在水温低于 4℃时，小龙虾将会被冻伤。

【症状】小龙虾冻伤时，头胸甲明显肿大，腹部肌肉出现白斑，随着病情加重，白斑也由小而大，最后扩展到整个躯体。病虾初呈休克状态，平卧或侧卧在潜水草丛里。严重时，出现麻痹、僵直等症状，不久死亡。

【预防】

1）早冬期，当水温降到 10℃以下时，应加深水位。

2）在越冬期间，可在池中投放氨基酸等低温肥或生物菌剂，促使水底微生物发酵，减少致病菌。

【治疗】

1）投喂脂肪含量高的饵料，如豆饼、花生饼、菜籽饼等，使小龙虾体内积累脂肪，储能越冬。

2）投喂药饵，100 千克饲料加 20 克多维葡萄糖拌匀投喂。

十二、痉挛病

【病因】在高温季节，由于捕捞和操作不当，小龙虾受惊吓造成。

【症状】主要症状是成虾腹部弯曲，严重的个体头胸部以下至尾部明显僵硬，并侧卧在水底不动，捕上后长时间不能恢复正常，轻者虽能做短暂划动，可身体呈驼背形，伸展不开，还有的病虾腹部变白，但不透明。

【预防】

1）在高温季节避免捕捞和小龙虾集中挤压，必要时操作要轻便快捷，缩短小龙虾离水时间。

2）适时换新水，提高水位，改善水质。

【治疗】

1）使用 EM 菌或乳酸菌全池泼洒，每亩用 100 克。

2）及时补钙，使用乳酸钙全池遍洒，每亩用 200 克。

十三、细菌性白斑病

【病因】由弧菌感染所致。

【症状】病虾活力低下，螯足及附肢无力，无法支撑身体，大多分布于养殖池塘边浅水区，头胸甲易剥离，部分头胸甲处有黄白色斑点；

解剖可见肝胰腺为浅黄色，胃肠道无食物，一些病虾有黑鳃症状；部分病虾尾部肌肉发红或呈现白浊样（彩图18）。常见表现是病虾的腹部每一节两侧的甲壳下方各出现1个近似圆形或长椭圆形的白斑，直径约0.5厘米，形状不规则。2~7天后，白斑逐渐变为黑斑，外观上鳃部呈黑色，在低倍显微镜下观察，鳃丝不变黑，表明虾体已染上细菌性白斑病。一般5~6月发病，急性发病时，3~5天后可造成全池90%以上虾体死亡，黑斑时期死亡更多，死亡的一般是体长5~6厘米的大虾。此病危害性较大，主要发病对象为中国对虾，近几年也危及小龙虾。

【预防】

1）溴氯海因全池泼洒，使得池水药物浓度为0.3~0.5毫克/升。

2）用0.3~0.6毫克/升二氧化氯进行消毒。

3）及时捕捞上市，使小龙虾密度降低。

【治疗】

1）五黄散拌饵投喂，每100千克饲料拌50克，连续3~5天为1个疗程。

2）用0.2毫克/升聚维酮碘（有效碘10%）全池泼洒，连用2次。

十四、纤毛虫病

【病因】由纤毛虫寄生所致，主要寄生种类包括聚缩虫、钟形虫、单缩虫和累枝虫等。

【症状】体表、附肢、鳃上附着污物，虾体表面覆盖一层灰黑色絮状物，致使小龙虾活动力减弱，食欲减退，严重影响虾体外观（彩图19）。

【预防】

1）保持池水清新。

2）清除池内污物。

3）定期使用微生物复合菌剂使水质保持优良。

4）用复合生物菌90~120克/亩全池泼洒，15天后再泼洒1次。

【治疗】

1）晴好天气的10：00，用硫酸铜、硫酸亚铁（以5：2的比例）0.7毫克/升全池泼洒。当天15：00，用过硫酸氢钾改底；第二天11：00用乙二胺四乙酸（螯合物简称EDTA）解毒；全池遍洒葡萄糖酸钙加维生素C，严重时间隔5天再重复1次，即可痊愈。

2）晴好天气使用硫酸锌有奇效，用量为2克/米^3，施药后第二天需要改底和解毒。

　　3）用 30 毫克/升甲醛溶液全池泼洒，16~24 小时更换池水。

　　4）用甲壳净或纤毛净等药物消灭纤毛虫。请按说明书要求掌握好剂量，以防伤虾。施药后要仔细观察小龙虾的反应，做好应急处理，避免因用药不当而造成死虾现象。

第十五章 小龙虾养殖典型案例

第一节 虾稻共作案例

一、潜江市积玉口镇苏湖村小龙虾养殖亩产值 7000 元（养殖户：田云）

虾稻共作面积 200 亩。2016~2017 年小龙虾投入 26.3 万元，总产量 50400 千克，总产值 140 万元，纯收入 110.7 万元。平均亩产量达到 252 千克，平均亩产值达 7000 元，亩平均纯利润达 5535 元。

1. 稻田条件

稻田分为连片的 5 块，平均每块面积为 40 亩。四周开挖围沟，沟宽 4~6 米，沟深 1.2~1.4 米。坡比为 1：3，如图 15-1 所示。

2. 种植水草

2016 年 9 月初，水稻收割后，立即加水淹青，移植水草。因当时田里自然生长有小龙虾爱吃的小米草（学名为蔄草），所以稻谷收割后，只有缺草的稻田需要人工种植水草，及时补充。

图 15-1　春季养虾稻田

3. 投放虾苗

水稻收割后的 1 个月内，抢时间投足虾苗，40~50 千克/亩，规格为 160~200 尾/千克。

4. 饲养管理

冬季随着温度的降低，适当提高水位。春节后，水温开始上升，观察有小龙虾出来觅食，便开始少量投喂饲料，以配合饲料和小麦为主。3月下旬，水温升高至10℃左右，开始用小龙虾专用颗粒饲料强化培育，每天早晚分两次投喂，投喂量为小龙虾体重的5%左右，以小龙虾2小时内摄食完为宜，促进小龙虾快速生长。

5. 捕捞上市

2017年4月中旬开始用地笼捕捞。选择双层双网目规格囊兜地笼，可以选择性捕捞体重在30克以上的大个体小龙虾，每天不间断，一直捕到6月10日为止，稻田中的小龙虾所剩无几，留田的小龙虾作为第二年的种虾。

2017年6月上旬开始整田，彻底清塘消毒，消除敌害，转入水稻种植阶段。

二、安庆市望江县稻田养虾亩产值突破5000元

安徽省安庆市望江县某农业发展有限公司第一次虾稻共作，亩产值就突破了5000元。

2017年这家农业公司新建的14号虾稻共作稻田，面积为39亩。4月15日投放小龙虾苗种650千克；5月21日开始陆续捕捞，6月22日捕捞结束，6月23日则开始排水整田插秧。共捕获小龙虾6000千克。平均售价36元/千克，一共收入约22万元，亩产值达5500元。

1. 养殖地域的选择

小龙虾虽然对环境的适应性很强，但其对环境仍然有一定要求，需要稻田的土质以壤土、黏土为宜，而沙土、碎石土不利于小龙虾生长繁衍。养殖小龙虾还要有独立的水系、充沛的水源保障（特别是冬季），稻田保水保肥，周边无污染。

2. 稻田改造

稻田改造因地制宜，不贪大求全。基本是，环沟宽6.0米、深1.2米，稻田总宽不超过80米，超宽田块做隔断埂，同时修建好进、排水口及周边防逃设施。

3. 栽种水草

保证养殖水域一年四季都有水草（沉水植物）。

稻田养殖小龙虾，菹草是最适合在田面上种植的植物，因为它和小龙虾养殖同步。

水花生栽在围沟外埂，每10米左右栽一束。移栽水花生时，连根带

叶一起移栽，并且土壤护根成活快。

4. 先除杂后解毒

彻底清除环沟里的野杂鱼及其他有害生物。清塘的好坏直接影响到养虾效益的高低。因此，小龙虾放养前的消毒与除杂也至关重要。

除杂使用茶饼，按每亩 1 米水深使用 25 千克。水深 30 厘米左右时，用量为每亩 13~15 千克；水深超过 70 厘米时，用量为每亩 25 千克。每亩另加食盐 0.5 千克，混合后浸泡 24 小时，再全池泼洒效果更佳。

使用稻田新开挖的塘口可以不消毒。在苗种放养之前可以使用"解毒净水安"对稻田进行解毒，减少农药残留对小龙虾的危害。

5. 苗种投放

苗种放养本着就近不就远的原则，2 小时的苗种运输成活率一般可以达到 95% 以上。

草不长好，不得放苗。投放苗种之前，泼洒氨基酸肥或发酵好的有机肥料，并及时补充氯化钙或乳酸钙，使小龙虾下池就可以获得充足的食物，还可以迅速从环境中补充钙质，这样能够显著提高小龙虾的成活率。小龙虾具体的投放方法是：

1）将虾苗投放到中间小埂或环沟内小埂边的浅水区。

2）虾苗投放前先浸水 5~10 秒钟，放到船上让虾鳃吸水，恢复活力后再放入水中。虾苗浸水时，防止把水质搅浑。

3）投放虾苗时，不可直接将虾苗倒入水中，把装虾苗的长方形筐的两端斜放在田埂边，一头靠着田埂，另一头沉于水面下 10 厘米，让虾苗自行爬出，随后攀附在就近的水草上。

苗种每次每亩投放 15 千克左右；20 天投放 1 次，勤补苗种。

采用自繁自养模式时要注重秋冬季节的管理。

6. 科学投喂

注意不同生长阶段、不同季节和天气下投饵的质量和数量，才可事半功倍，因此要做到以下 5 点：

1）投放苗种之后，要注意观察 3~4 天。

2）虾不夹草，暂缓投料；虾在夹草，抓紧加料。

3）先期每天每亩投喂 1 千克专用颗粒饲料，再根据小龙虾生长情况缓慢加料，一直加到每天每亩投喂 2.5 千克为止，然后保持定量投饵。

4）每亩超过 2.5 千克的投饵量，也能在 2 小时内摄食完的塘口，说

明小龙虾已经长成，就要开始捕捞，以减少小龙虾的存塘量。

5）蜕壳补钙，在小龙虾养殖过程中，坚持每周补钙 1 次。蜕壳期补钙有助于提高翻倍率。

金秋十月，是水稻开镰收割的黄金时节。水稻收割后，利用收割稻谷后留下来的高度为 30~40 厘米的稻梗，通过淹青技术将其转换为饵料（浮游生物、碎屑等），为秋冬季幼虾养殖提供最廉价、最环保、最生态的饵料。并通过加水增大虾苗活动、生长空间，使虾苗快速长大。

7. 减少小龙虾的死亡

小龙虾的病害与防治是小龙虾养殖过程中最容易忽略的环节。

小龙虾的主要危害有 3 种：应激反应、农药中毒、肥料中毒。而这些都是人为造成的，因此，要牢记"以防为主，防重于治；稳定环境，防止中毒"的理念，不可滥用药物，从而保持水环境稳定。

小龙虾养殖过程中，不可使用除草剂。打过除草剂的塘口，其中的虾苗比一般塘口的虾苗要明显减少很多。因为，一遇到下雨天气，除草剂就会渗漏到稻田围沟里，人们观察发现，不蜕壳的小龙虾不易死亡，遇到正蜕壳的小龙虾，就会使其中毒死亡，会出现小龙虾盘腿、无力，渐渐致死，这就是除草剂中毒。

遇到必须用除草剂时，塘口要及时使用"解毒净水安"或换水。

8. 适时捕捞上市

"该捞不捞，钱挣不到"。必须利用小龙虾春季的生长最佳时机和良好的价位，提早捕捞上市，获利更多。

9. 做好记录

做好养殖日记，便于今后总结提高和质量追溯。

三、潜江市龙湾镇小龙虾养殖亩产值 7500 元（养殖户：李江平）

养殖面积为 180 亩。2016~2017 年小龙虾养殖投入 33.4 万元，总产量达到 44640 千克，总产值达 135 万元，纯收入为 101.6 万元。平均亩产量达 248 千克，平均亩产值达 7500 元，每亩平均纯利润达 5644 元。水稻亩产 552 千克，收入 1325 元，如果按稻虾香米出售，收入更高，稻、虾合计纯收入 6970 元。

1. 田块准备

2016 年 10 月底，待中稻收割后，开挖稻田围沟，宽 4 米、高 1.2

米，坡比为1：3。围沟灌水15~20厘米，用生石灰消毒，种植伊乐藻、轮叶黑藻、水花生、牛绊草等，保持水草多样性是稻田养虾的制胜宝典。水草生长好后，即栽种的每株水草长成直径为60~80厘米的草丛时，说明可以投放虾苗了。

2. 虾苗投放

2017年3月上旬，因低温，虾苗尚未出洞穴，早期少量上市的虾苗价格达到40~50元/千克，为了不错过时机，只好购进高价虾苗。虾苗下池后，即开始强化投喂，主要投喂的是配合饲料，少量投喂植物性饲料，如黄豆粉、小麦粉等。投喂半个月后，开始使用聚维酮碘预防疫病，向稻田水中定期补钙，在饲料中定期添加多维和乳酸菌、酵母等，同时联合使用青苔净和腐殖酸钠加氨基酸肥清除青苔。因为水源水质良好，整个养殖过程做到了勤换水。

3. 捕捞上市

2017年4月中旬开始捕捞，前期4~5月，使用稀网眼地笼，捕大留小，促进小规格虾苗快速生长。后期6月，采用密网眼地笼，将各种规格的小龙虾全部捕捞上市，最小的个体也达到了20克，直到6月中旬捕捞完毕，整田插秧，虾稻共作进入下一轮循环。小龙虾出售都是销售商到田头收购的，价格在24~86元/千克。

四、潜江市华山模式

潜江市着眼农业供给侧结构性改革，结合虾稻共作创造出独具特色的华山模式，实现地增多、粮增产、田增效，企业、集体、农户多赢。通过创新发展模式，实现了"农业强、农村美、农民富"的目标，吸引了众多外出务工人员重新回到家乡依靠土地创业致富，各大媒体争相报道，引起社会各界广泛关注，每年前来参观学习的农民朋友和农技人员数以万计，百闻不如一见，参观者无不称华山模式神、奇、新。

1. 华山模式

随着小龙虾产业不断升级，过去的一家一户碎片化经营难以提质增效，难以发挥规模化效益。潜江市华山水产食品有限公司（以下简称华山公司）瞄准了农业综合种养和农业全产业链融合发展带来的巨大商机，率先实现农业集团化经营。

2014年以来，华山公司相继流转农田1.2万亩，经规模化、标准化建设后，耕地面积由 7550 亩增加到 10942 亩，水稻种植面积从过去 2400 亩稳定到 9300 亩，水稻全部实现机械化"耕、种、收"，粮食产量从流转前的 1800 吨提升到 2017 年的 6820 吨。

2. 稻田标准化平整

华山公司以 1 元/米² 的价格从农户手中流转土地，再根据水源和交通条件，使用大型机械对土地进行平整，修建沟渠，并按照稻虾综合种养的要求，在田块中开挖围沟，建好围栏设施。

3. 稻田返农

整理成标准养殖单元后，以 1.1 元/米² 的价格返租给农户经营，在经过改造的土地上，实现了路通、电通、水通、市场通，全部实现机械化作业，大大减少了劳动力和劳动强度。对于不愿流转土地的农户，也帮助他们统一整理田块，使全部稻田整齐划一，环境优美。

4. 集团经营

华山公司负责企业现代化运营，提供整治基地、种养标准、供应农资、生产管理、收购产品、创建产品品牌"六统一"服务。

村集体组建"服农"农机合作社和"绿途虾稻连作"合作社，代表农户保障合法权益。农户在"反租倒包"的标准化养殖单元从事生产经营。通过"一租一包"，公司、集体、农户结成利益共同体，三者分工合作、平等参与、共享收益，既降低了农业生产经营风险，又有效避免了工商资本下乡与民争利。

5. 收益增 4 倍

土地生产成本从 485 元/亩降到 360 元/亩，亩均收益从 1300 元提高到 5500 元，每个虾稻共作单元农户年纯收入 20 万元以上，村集体每年增收 150 万元以上。华山公司的主要效益来源于种植、养殖全产业链经营，收购小龙虾加工出口产品，收购虾香稻并加工有机大米和品牌大米，产品供不应求。

五、鄂州市稻田生态繁育模式

鄂州市泽林镇万亩湖农场建成了全国闻名的小龙虾苗种专营市场。万亩湖小龙虾繁育基地也成为湖北省最大的虾苗供应基地，其产品深受外地客商的青睐，虾苗和成品虾远销潜江、天门、仙桃、黄石、武汉及湖南、安徽等地，每年苗种供不应求。

1. 基本条件

万亩湖小龙虾种业有限公司成立于 2016 年。吸纳社员 320 户、辐射带动周边农户 650 户开展虾稻综合种养增值增收，率先走上小康之路。该公司拥有生态农业基地总面积达 11680 亩，其中核心区稻田面积为 4080 亩，推广示范稻田面积为 7600 亩。每年生产优质稻 770 吨以上，小龙虾种苗 500 吨，成虾 200 吨，年产值 3500 余万元。万亩湖生态农业基地 2015 年被评为全国绿色原料基地，万亩湖农场被评为省级小龙虾良种场，如图 15-2 所示。

2. 建立稻田仿生态环境

所有连片稻田开挖围沟，沟宽 4 米、深 1.2 米，在围沟中种植水花生、牛攀草、稗草、伊乐藻等，维持水草多样性。每年 9 月底收割完水稻立即灌水淹青。万亩湖充分利用湖田中的秸秆和天然饵料，不投饵、不施肥，不设围栏区域，小龙虾种苗真正实现自繁自育。在种植一季中稻的同时，可出产虾

图 15-2　鄂州万亩湖小龙虾繁育基地

种、成虾、种虾 3 个阶梯产品。虾苗作为主导产品，产量占小龙虾总产量的 60% 以上。彻底改变了过去人工养虾存在的养虾无苗的窘境。鄂州已成为全国重要的小龙虾种苗生态繁育基地。农户进行稻虾共生种养，不但减少了病虫害，提高了大米的产量和品质，拓展了水产养殖发展空间，又解决了水产与粮争地的矛盾，实现了"一水两用、一田双收"，大大提高了稻田经济效益，如今小龙虾成了万亩湖的大产业。

3. 产量与收益

万亩湖农场建成了自己的小龙虾交易市场，每年 3 月下旬至 6 月上旬是交易旺季。万亩湖小龙虾的起捕时间在湖北最早，3 月 10 日开始，前期主要是虾苗；6 月 10 日结束，后期以成虾为主。6 月 10 日至第二年 3 月，所有稻田和水沟严禁捕捞，所有留田的小龙虾作为第二年繁殖的种虾，除了补充良种虾外，一般不补放种虾。

万亩湖 4000 亩核心区，稻田平均每亩生产小龙虾 120 千克，其中大规格虾种 75 千克，种虾 25 千克，商品虾 20 千克，亩产值达 2670 元。稻谷平均亩产 650 千克，产值达 1690 元。两项合并即为虾稻共作亩产值，为 4360 元。扣除成本 1310 元/亩（成本主要来自水稻生产），实现纯利 3350 元/亩，比单纯种稻增加 2670 元/亩。面积达到 100 亩以上的养殖大户，每年的收入可以达到 30 万元以上。

第二节　池塘养虾案例

一、监利县朱河镇王铺村小龙虾养殖（养殖户：徐先湘）

精养池塘面积为 15 亩，连续 5 年亩产达 500 千克，每年出售小龙虾 7500 千克，效益在 20 万元以上。精养模式总结如下：

1. 晒塘

每年 9～10 月，进入地笼捕虾的尾声，这时只有逐渐降低池塘的水位，才能保证小龙虾每天都有一定的捕捞产量。生产经验表明，要使第二年池塘有充足的虾苗，当地笼每天取虾量低于 1.5 千克/亩时，就要停止捕捞，留塘虾作为第二年的种虾。池塘水位可以放到最浅或完全放干，让池塘底泥能够暴晒，也叫晒塘，即可消灭池塘病原微生物和敌害，还可以改善池塘地质。

2. 翻耕

在每年 12 月之前，当池塘底泥已暴晒干涸时，即可用旋耕机将塘底泥土全部翻耕，动松底部土层，彻底改善土壤的性能，为下一步移植水草提供良好的土壤环境。

3. 消毒

每亩池塘用生石灰 50 千克彻底消毒。方法是：在池塘底部较低位置开挖若干个大小为 1 米^2、深 0.5 米左右的水坑，将生石灰倒入用水中融化，再均匀泼洒到池塘的每一个地方，即可达到除杂和杀灭病原微生物的目的。

4. 插围网

在池塘中安装围栏网片的作用是保护和培育水草，俗称水草打围。每个围栏宽度为 8～12 米，长度与稻田一致，每两个围栏之间间隔宽度为 10 米。根据小龙虾生长时机的不同和水草生长季节的差异，计划在围栏里面种植轮叶黑藻，围栏外面种植伊乐藻。

5. 种草与施肥

元旦前在围栏之外的周边移植伊乐藻，行距 4～6 米，间距 2～3 米，这种低温草会在播种后 45 天左右长至直径为 60 厘米左右的草团。3 月初，再在围栏内播种轮叶黑藻芽苞，这种喜高温水草在春季水温达 18℃ 时生长旺盛，60 天左右也可以长成直径为 60 厘米的草团。

水草移植后，每隔 15 天施用 1 次硅藻旺、肥水膏等氨基酸低温肥，抑制青苔生长，培育饵料生物，待虾苗投放进池，就有适口的饵料生物供给。

6. 除野与改底

2 月底、3 月初，虾苗下塘之前，用茶饼清除泥鳅、黄鳝、鲤鲫鱼等野杂鱼和蛙类、蛇类等敌害，再用过硫酸氢钾改底，水质和水草满足投苗要求。

7. 投放虾苗

3 月中旬开始投放虾苗，规格为 160～240 尾/千克，每亩投放量为 25 千克，共计 5000 尾左右。每年只需要投苗 1 次。虾苗投放在围栏中，4 月中下旬，轮叶黑藻已经长成直径为 60 厘米以上的草团了，即可解开围栏网，让小龙虾进入围栏中生活。

8. 投喂和补钙

虾苗进池后，需要按照池塘存塘虾的多少投喂小龙虾专用饲料，先期可以预估池塘原有的虾苗量，再加上投放量，两者合一就是池塘喂料的基数，按照小龙虾重量的 3%～5% 计算日投喂量。8：00～9：00，投喂 30%；17：00～18：00，投喂 70%。投喂方法是：用投饵机在池塘敞水区（空草区）均匀泼洒，再通过饲料观察台查看小龙虾当天的摄食情况，并及时调整第二天的投喂量。

喂料期间，每隔 15 天左右用颗粒钙（主要成分为氯化钙或乳酸钙）进行补钙，每亩每次 200 克；每 10 天左右用季磷盐进行改底 1 次，能保证小龙虾健康生长。改底 3 天后，再泼洒乳酸菌、EM 菌或光合细菌，以改善池塘微生物环境，减少或抑制致病微生物。

9. 捕捞起虾

4～10 月，用地龙捕捞小龙虾。地笼的囊兜为双层，内层采用大网目，主要捕大虾；外层采用小网目，主要捕虾苗。一般情况下，将地笼外层囊兜收起，就只可以收获大规格虾，起到捕大留下的作用，减少对幼虾的机械伤害。只要定期肥水、补藻、补菌，适当改底护草，喂正规厂家的饲料（大约 150 千克/亩），就会一直收获到成虾。

二、潜江市周矶办事处小龙虾池塘养殖（养殖户：陈居里）

1. 池塘条件

养殖面积为 28 亩，分 7 个池塘，每个 4 亩。2014 年为莲藕池养虾，后改为池塘专养，如图 15-3 所示。

2. 水草种植

2014 年 11 月种植伊乐藻，到了 2015 年 3 月，水草已长成直径为 60 厘米的草团，标志着这时投放虾苗正是时机。

3. 虾苗来源

这几个池塘没有外购虾苗，本池塘的虾苗数量比较充足，全部来自池塘前一年自繁自育的存塘虾苗。3 月初，随着水温的升高，虾苗陆续出来觅食，用肉眼可以观察到水草根部虾苗聚集，或者用手抄网在水草根部捞起虾苗来判断虾苗密度。投喂人工饵料的数量，以虾不爬混水质、不大量夹草为原则，说明投喂量比较合适。

4. 轮捕轮放

捕捞采用双层网目地笼捕大留小的方式，全年分 5 个时间段集中捕捞，共捕虾 5 批，全部为个体在 35 克以上的大虾。

5. 一年养虾，三年收益

1）2015 年全年共捕大虾 7700 千克，总收入达 22.96 万元。平均亩产量 275 千克，平均亩产值 8200 元，平均每亩纯利 4350 元。

2）2015 年 12 月晒塘，元月种伊乐藻，经精心饲养，2016 年小龙虾总产量达 8400 千克，总收入达 26.88 万元。平均亩产量 300 千克，平均亩产值 9600 元，平均每亩纯利润 5400 元；2016 年 12 月继续晒塘消毒，种植伊乐藻，不再投放小龙虾苗种，全部虾苗来自池塘中的存塘苗。第二年开春继续投喂饲料，并每天巡查小龙虾的摄食情况，记录在册。

3）2017 年 5 月上旬开始捕捞，6 月底池塘小龙虾已捕完卖完。7 月又开始晒塘 1 个月，8 月上旬栽植轮叶黑藻，9 月上旬每亩补投虾苗 2000 尾（池塘中总有存塘虾苗，当干池消毒时，虾苗或成虾会进入洞穴避险，等池塘又一次灌水时，它们会悄然出来），11 月再集中捕捞 1 次。

当年小龙虾总产量达 8960 千克，总收入达 32.256 万元。平均亩产量 320 千克，平均亩产值 1.152 万元，平均每亩纯利润 7040 元。

图 15-3　小龙虾养殖高产池塘

三、总口农场一年三季稻田池塘联合养虾（养殖户：曾宇凡）

潜江总口农场 9 分场，回乡创业大学生曾宇凡，利用自家承包的 10 亩池塘专养成虾，6 亩稻田繁育虾苗，共收获 8220 千克成虾，亩产 822 千克，每亩获纯利润 12119.7 元。

1. 稻田和池塘条件

稻田主要用来繁殖和培育虾苗。开挖 3 米宽的围沟，筑 1.2 米高的堤埂，种好伊乐藻、水花生和盘根草，抢在头一年 10 月投放经过挑选的良种亲本小龙虾 160 千克，雌雄比为 3：1。在第二年 4 月之后，缓慢加水，使抱仔小龙虾比正常小龙虾晚些出洞，这样小龙虾的苗种同样会晚些达到规格，能够为后期池塘养虾源源不断供给虾苗。6 亩稻田共收获虾苗 1550 千克，每亩产量为 258.3 千克，创下当年的记录。

池塘面积 10 亩，进、排水方便，水源充足、无污染。土质均为黏土，水深 1.5~2.0 米，坡比为 1：3，淤泥控制在 15 厘米以内，用于栽植水草。在池塘四周用防水薄膜围城 0.5 米高的防逃墙。池塘中间设置深水区和浅水区两个部分，深水区占整个池塘面积的40%。池底四周挖一个边长为3~5米、深80~100厘米的集虾沟。

（1）清塘消毒 冬季排干池水，挖除过多淤泥，每亩用生石灰80~120千克化水趁热全池均匀泼洒，彻底消灭池中寄生虫、病原微生物和野杂鱼。

（2）微孔增氧设备布置 每亩配备功率0.22千瓦旋涡风机一台，并在距池底20厘米处铺设内径为10毫米的微孔橡胶管道，管道间距8米，外加内径75毫米的硬质塑料管与气泵出气口及微孔橡胶管相连。或者用PVC管将气流引入到池塘中，再分头接入增氧盘，每亩池塘配2个直径为1.2米的增氧盘，如图15-4所示，整个池塘增氧设施投入2600元。

（3）注水培肥 清塘7天后注入新水60厘米，注水时用60目网绢过滤，防止敌害生物、鱼卵进入，以及小龙虾逆水逃逸。同时，施腐熟畜禽粪100千克/亩，培肥水质。

（4）水草移植 "虾养好，先种草"。水草是小龙虾栖息场所，也是小龙虾良好饵料，同时又能改善水质。在离岸1米处种植水花生、伊乐藻、牛绊草等水生植物，可结合挺水植物、漂

图15-4 增氧盘

浮植物搭配种植，种植面积占虾塘面积的30%。4月初放养活螺蚬10千克/亩，营造池塘良好的生态环境。

2. 虾种投放

虾种分3次投放，每次投放前都必须彻底清塘，把野杂鱼、青蛙等敌害消灭掉，还可以把部分小龙虾逼进洞穴。因为小龙虾从苗种到体重为30克以上的成虾，在饲料充足的情况下，只需要28天左右。2017年4月8日从6亩稻田中第一次捕获虾苗，规格为100~240尾/千克，池塘每亩放65千克。要求体质健壮、附肢齐全、无病

无伤，同一池塘一次放足。小龙虾入池塘之前用多维葡萄糖浸泡，给小龙虾补充能量。投放时应选择有水草的地方，多点分散放养，避免堆积。温差不超过±2℃。

3. 饲养管理

（1）饲料投喂　小龙虾喜食水生动物性饲料。成虾养殖应以优质配合饲料为主，也可直接投喂豆饼、麸皮或小杂鱼。饲料蛋白质保持在30%以上。5月前以投喂颗粒饲料为主，每天投喂1次，投喂量占虾体总重的1%~3%。6~9月以投喂小杂鱼、豆粕等饲料为主，投喂量占虾体总重的5%~8%，每天投喂2次，7：00~9：00和17：00~18：00。由于小龙虾有晚上摄食的习惯，上午投喂全天投饵量的1/3，傍晚投2/3，并根据小龙虾的摄食情况，以及季节、天气情况灵活掌握投喂量。在投饵中坚持"四定""四看"原则。

（2）水质调节　根据"春浅、夏满"的原则，春季水位保持在0.6~1.0米，浅水有利于水草生长和虾蜕壳。夏季每隔15~20天注水1次，水深控制在1.5米有利于龙虾安全度过高温季节。每半个月泼洒1次生石灰，1米水深泼洒10千克/亩生石灰，或泼洒乳酸钙溶液进行补钙，调节pH为7.5~8.5。定期施微生物制剂，改善养殖池塘的水质和底质，另外还要根据季节变化及水温、水质状况及时进行调整，适时加水、换水，营造一个良好的环境。

（3）日常管理　每天坚持巡塘2~3次，观察小龙虾的摄食情况、水质变化情况，发现问题及时采取措施。池中保持适量水草。饲料要求优质新鲜、营养全面、适口性强、易吸收，并且要足量投喂，防止因饲料缺乏而互相残杀。对于疾病坚持"以防为主、防治结合"的原则，重视生物调节和科学用药。严防敌害生物，做好防逃、防盗工作。

（4）及时增氧　遇到闷热天气及时开启增氧设施，高温季节半夜增氧至第二天9：00，以保证池中溶氧充足。

4. 收获

（1）产量与收入　第一季从5月10日开始捕捞，根据市场行情和小龙虾的生长情况及时捕捞，捕大留小，至5月20日捕捞完毕。第二季8月15日捕捞结束。第三季11月18日捕捞结束。最后统计的饲料系数为1.3。投放和收获情况见表15-1。

表 15-1　小龙虾投放与收获情况对照表

季次	投放			收获		
	投放时间	规格/ (尾/千克)	重量/ 千克	收获时间	规格/ (尾/千克)	重量/ 千克
第一季	2017 年 4 月 8 日	120~240	650	2017 年 5 月 20 日	20~30	2900
第二季	2017 年 6 月 28 日	130~220	500	2017 年 8 月 15 日	22~27	2600
第三季	2017 年 9 月 20 日	110~200	400	2017 年 11 月 18 日	19~28	2720
重量合计	1550 千克			8220 千克		

（2）成本　投入各项成本合计 69125 元。其中，塘口承包费 8000元，饲料费（颗粒饲料费 30600 元、豆饼 1250 元、麸皮 1650 元）33500元，肥料 1425 元，水电费 1000 元，鱼药 1200 元，微管设备、地笼、水泵等折旧 2000 元，人工费用 22000 元。由于虾苗是自繁自养的，节省苗种费 24800 元。

（3）效益分析　总销售收入 263040 元，扣除成本 69125 元，共获效益 193915 元，平均每亩获利 12119.7 元，投入产出比为 1∶2.8。

5. 小结

利用本地稻田和池塘联合养殖小龙虾，各自的优势得到充分发挥，尤其是虾苗能就近捕捞和投放，大大减少了损耗。采用微管管道增氧技术，可以在池塘中一年养三季小龙虾，微孔管具有管网面积大、增氧范围广、节能节水、病害少，改传统的池塘点式增氧为全池增氧，改水面增氧为池底增氧，改善了底层溶氧状况，提高了增氧效率。小龙虾在这种环境中食量增大、生长加快、饲料系数低、产量翻番，经济效益显著。

第三节　藕池养虾案例

一、湖北天门渔薪镇藕池养殖小龙虾（养殖户：徐坤）

藕池水面达 73 亩，2018 年新投放小龙虾苗种共计 3000 千克，在小龙虾生长高峰期，每天投喂饲料 100 千克左右，全年共投 12 吨饲料，产出成虾 12500 千克。共投入 11 万元，产值收益 23 万元，投入产出比为1∶1。经验总结如下：

1. 藕池条件

全部藕池分 3 个单元，分别是 20 亩、25 亩和 28 亩。

2. 水草种植

2017 年 11 月种植伊乐藻，到了 2018 年 3 月，水草已长成直径为 60 厘米的草团，此时正是投放虾苗的时机。

3. 投放虾苗

这几个池塘的自繁自育的存塘虾苗数量比较充足，另外再投放 3000 千克转塘虾苗。从 4 月初开始投放，5 月初开始卖虾，5~7 月连续捕捞，并且间断性投苗，8 月高温少量投食，8 月底开始捕捞，卖公留母，有很多抱卵虾，直至 11 月中旬放水除杂，少量种草后回水。

4. 饲养管理

存塘种虾有一定密度，虾苗也还可以，这个塘是新塘，又是藕塘，投喂人工饵料的数量，以虾不爬混水质、不大量夹草为原则，说明饲料量比较合适。10 月中旬，为了捕捞，中途打掉几次荷叶，打出路来捕捞，

在天气正常的情况下用生物饵利多和蜜极进行肥水，阴雨天较多时，抓住晴好天气，少量多次施肥，提高池水肥度，丰富饵料生物。当池塘出现少量青苔时，及时泼洒腐殖酸钠和芽孢杆菌，消除青苔。做到定期补钙，每 7 天施用 1 次钙制剂，每 10 天施用 1 次四羟甲基硫酸磷改底。

5. 轮捕轮放

3 月初，随着水温的升高，本池塘的虾苗陆续出来觅食，用肉眼可以观察到水草根部虾苗聚集，或者用手抄网在水草根部捞起虾苗来判断虾苗密度。虾苗规格多样化，有 5~10 克的，也有刚孵化的，当看到密度较大时，即可进行试捕。4 月开始卖虾，每天出塘。

捕捞使用双层网目地笼，捕大留小，全年分 5 个时间段集中捕捞，共捕虾 5 批，全部为个体在 35 克以上的大虾。2018 年效果最好。10 月见抱卵虾多起来，此时停止捕捞，第二年虾苗多。

新塘，要注意水草的质量和数量，再加上虾苗投放少，小龙虾不夹藕苗，虾苗如果多了，小龙虾因缺食才夹藕苗，所以注意小龙虾虾苗要适量投放。

二、湖北监利柘市乡藕田与稻田联合养殖小龙虾（养殖户：张立勇）

藕池水面 13 亩，稻田 12 亩，两者水源想通，如图 15-5 所示。2018

年新投放小龙虾苗种共计1200千克，在小龙虾生长高峰期，每天投喂饲料100千克左右，全年共投喂4.5吨饲料，产出成虾4620千克。共投入6万元，产值收益16万元，投入产出比为1∶1.6。经验总结如下：

图15-5 藕池与稻田联合养虾

1. 藕池条件

藕池为东西向长方形，池埂高1.8米。稻田与藕池相连，由一条田埂隔开，藕池在高处，稻田在低处，田埂高80厘米，上端与藕池埂高度一致，使用同一水源，当灌满水时，两者连成一片。

2. 水草种植

2017年12月初，莲藕已上市，藕池和稻田分成2个单元，各自成独立的池塘，以便于移植水草。在藕池种植伊乐藻，稻田开始淹青，并在稻田四周种植水花生和绊根草。第二年3月初，水草已长成直径为40~60厘米的草团，准备投放虾苗。

3. 投放虾苗

2018年3月20日，开始从附近养殖户购置虾苗，规格为200尾/千克，前后3次投放虾苗1200千克，每亩48千克，在藕池中投放800千克，稻田中投放400千克。虾苗投放前，在投放处的水草中泼洒多维葡萄糖和搅碎的蚯蚓肉酱，以提高小龙虾的成活率。

4. 饲养管理

从投放的第二天开始连续投喂10天左右的小龙虾专用粉料，化浆泼洒。每天15∶00泼洒1次，投喂量为150克/亩，10天之后，气温达到

18℃以上，就改投 1 号虾苗颗粒料，设置观察台，以小龙虾 2 小时内吃完为最佳量，否则，酌情增减。随着小龙虾个体的增大，试着投喂成虾饵料。如何确定饵喂量，以水中不大量漂浮小龙虾夹断的水草为适宜。

5. 轮捕轮放

3 月初，随着水温的升高，本池塘的虾苗陆续出来觅食，用肉眼可以观察到水草根部虾苗聚集，或者用手抄网在水草根部捞起虾苗来判断虾苗密度。虾苗规格参差不齐，当发现密度过大时，即可开始捕捞虾苗上市。

捕捞成虾时，使用双层网目地笼，捕大留小或捕大放小，全年分 5 个时间段集中捕捞，共捕虾 5 批，全部为个体在 30 克以上的大虾。当每亩田块每天起捕量低于 2.5 千克时，即停止捕捞，留作第二年繁殖用的种虾。

参 考 文 献

［1］夏爱军. 小龙虾养殖技术［M］. 北京：中国农业大学出版社，2007.

［2］刘焕亮，黄樟翰. 中国水产养殖学［M］. 北京：科学出版社，2008.

［3］杨先乐. 水产养殖用药处方大全［M］. 北京：化学工业出版社，2008.

［4］陶忠虎，邹叶茂. 高效养小龙虾：视频升级版［M］. 北京：机械工业出版社，2018.

［5］龚世园，何绪刚. 克氏原螯虾繁殖与养殖最新技术［M］. 北京：中国农业出版社，2011.

［6］占家智，羊茜. 小龙虾高效养殖技术［M］. 北京：化学工业出版社，2012.

［7］邹叶茂，张崇秀. 小龙虾稻田综合养殖技术［M］. 北京：化学工业出版社，2015.

索 引

注：书中视频建议读者在 Wi-Fi 环境下观看。